本書內容

分『實力養成篇』及『實力評量篇』兩篇,共五章:

> 第一章 **TQC** 證照說明:介紹 TQC 認證及如何報名參加與認識測驗。

實力養成篇:

> 第二章 題庫練習系統－操作指南:教導使用者安裝操作本書所附的題庫練習系統。
>
> 第三章 技能測驗－術科題庫及解題步驟:可供讀者依照學習進度做平常練習及學習效果的評量使用。

實力評量篇:

> 第四章 模擬測驗－操作指南:介紹 TQC 辦公軟體應用類商務軟體應用能力 Microsoft Office 2019 測驗模擬操作與實地演練,加深讀者對此測驗的瞭解。
>
> 第五章 實力評量－模擬試卷:含模擬試卷一回,可幫助讀者作實力總評估。

本書章節如此的編排,希望能使讀者儘速瞭解並活用本書,而大大增強商務軟體應用能力 Microsoft Office 2019 相關知識的功力!

本書適用對象

- ◆ 學生或初學者。
- ◆ 準備受測者。
- ◆ 準備取得 TQC 專業人員證照者。

本書使用方式

　　請依照下列的學習流程，配合本身的學習進度，使用本書內之題庫做練習，從作答中找出自己的學習盲點，以增進對該範圍的瞭解及熟練度，最後進行模擬測驗，評估自我實力是否可以順利通過認證考試。

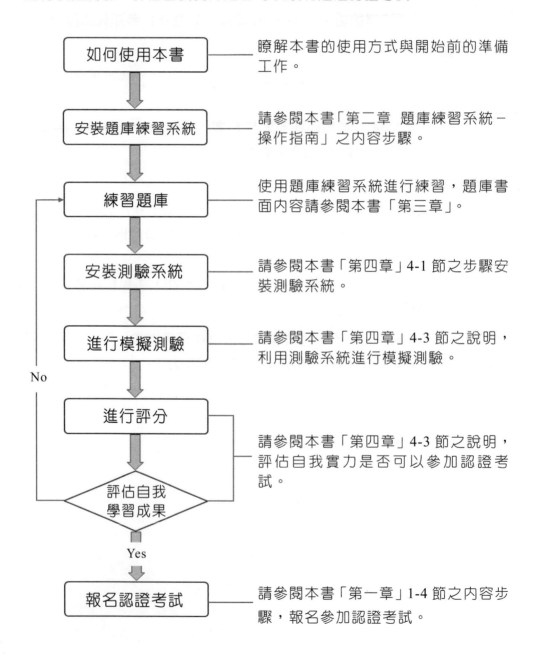

如何使用本書	瞭解本書的使用方式與開始前的準備工作。
安裝題庫練習系統	請參閱本書「第二章 題庫練習系統－操作指南」之內容步驟。
練習題庫	使用題庫練習系統進行練習，題庫書面內容請參閱本書「第三章」。
安裝測驗系統	請參閱本書「第四章」4-1 節之步驟安裝測驗系統。
進行模擬測驗	請參閱本書「第四章」4-3 節之說明，利用測驗系統進行模擬測驗。
進行評分	
評估自我學習成果	請參閱本書「第四章」4-3 節之說明，評估自我實力是否可以參加認證考試。
報名認證考試	請參閱本書「第一章」1-4 節之內容步驟，報名參加認證考試。

軟硬體需求

本項測驗進行與運行本書的光碟中提供的「商務軟體應用能力 Microsoft Office 2019 題庫練習系統」、「CSF 測驗系統-Client 端程式」，需要的軟硬體需求如下：

硬體部分

- 處理器：1.6 GHz（含）以上的處理器
- 記憶體：4 GB RAM（含）以上
- 硬　碟：安裝完成後須有 4GB（含）以上剩餘空間
- 鍵　盤：標準 104 鍵
- 滑　鼠：標準 PS 或 USB Mouse
- 顯示器：1280 * 768 之解析度
- 音　效：獨立音效卡或耳機
- 縮放比例 100%

軟體部分

- 作業系統：適用於桌上型電腦、筆記型電腦 Microsoft Windows 10 中文版。
- 系統設定：作業系統安裝後之初始設定。中文字形為系統內建細明體、新細明體、標楷體、微軟正黑體，英文字體為系統首次安裝後內建之字形。
- 其它元件：Microsoft .NET Framework 4 Client Profile。
- 應用軟體：Microsoft Office 2019 專業中文版，安裝時需完整安裝。

商標聲明

注意事項

光碟片使用說明

為了提高學習成效，在本書的光碟中特別提供安裝「商務軟體應用能力 Microsoft Office 2019 題庫練習系統」及「CSF 測驗系統-Client 端程式」，您可由 Autorun 的畫面上直接點選並安裝上述系統。

「商務軟體應用能力 Microsoft Office 2019 題庫練習系統」提供術科第一至三類共計 15 道題組。

「CSF 測驗系統-Client 端程式」提供一回 Microsoft Office 2019 認證測驗的模擬試卷。

本光碟內各系統 SETUP.EXE 程式所在路徑如下：

◆ 安裝商務軟體應用能力 Microsoft Office 2019 題庫練習系統：
光碟機:\TqcCAI_MO9_Setup.exe

◆ 安裝 CSF 測驗系統-Client 端程式：
光碟機:\T3 ExamClient 單機版_MO9_setup.exe

◆ 瀏覽本光碟

希望這樣的設計能給您最大的協助，您亦可藉由 Autorun 畫面的「關於電腦技能基金會」選項，或進入 http://www.CSF.org.tw 網站得到關於基金會更多的訊息！

序

　　本會三十多年來持續推動電腦資訊應用技能，並長期觀察產業發展之脈動，透過產業用才需求調查與實地訪談，更深入暸解台灣產業用才質與量的需求，深覺若要滿足產業需求，非強化學生的實作能力不可。現今職場上最常使用的辦公軟體，也是企業徵才時首要考量的軟體需求，雖每個人都會使用，但如何節省時間、提升工作效率，讓自己事半功倍擁有更強的職場競爭力增加就業機會。

　　本會依據職場實際需求規畫並推出的 TQC 商務軟體應用能力 Microsoft Office 2019 認證，以商務最廣為應用的範疇規劃技能規範，內容包括文書處理、試算表應用及簡報設計等。每類的實作題目均具備豐富的應用情境與素材，可幫助讀者透過「做中學、學中做」的學習歷程，有效地提升工作專業能力與效率。各類題目以商務最常應用的功能，搭配務實的試題設計：Word 包含文書排版基本技巧及特殊運用等。Excel 包含試算表基本技巧、基礎函式使用及樞紐製作等。PowerPoint 包含基礎簡報製作並與多元化檔案格式的整合。

　　為幫助讀者自主學習，本會亦投入資源開發 TQC 商務軟體應用能力 Microsoft Office 2019 術科實作電腦評分系統。讀者可透過「題庫練習系統」選題練習並立即得到精確的評分結果。讀者更可透過使用者專區，記錄並管理歷次練習成績。在教育訓練機構安裝的「CSF 技能認證系統」可達到即測即評之效果，並幫助讀者熟悉參加正式測驗的流程。

　　在「專業掛帥、證照引路」的職場競爭中，學歷不再是職業的保證書，成功的秘訣取決於個人專業能力與對工作的責任感。萬全的準備是您爭取優質工作的不二法門，紮實的實力是您在職場揮灑的後盾。希望透過本會的推廣，能協助國人提升資訊技術能力，與國際資訊應用發展技術同步接軌，在全球人力共同競爭市場中，保有絕對的競爭優勢。

財團法人中華民國電腦技能基金會

董事長　林全昌

目　錄

第一章　TQC 證照說明

第二章　題庫練習系統－操作指南

第三章　技能測驗－術科題庫及解題步驟

第一章 ▶

TQC 證照說明

1-1 TQC 證照介紹

人才是企業重要的資源，找到合適的人才一直都是企業人力資源部門經年累月辛苦努力的大事，但如何以最經濟有效的方式尋得所需，也成為人力資源經理的一大挑戰。許多人事主管秉持寧缺勿濫的理念，也有極少部分抱持「無魚，蝦也好」的觀念，一個是堅持理想，一個是妥協務實，無所謂對或錯。

因此，履歷表、自傳和面談是人事主管常用的徵人技巧。精明的人事主管在這些過程中經常可以非常迅速地畫出應徵者的輪廓，並且邊下判斷應徵者是否就是他所需要的，但通常趨於主觀；也有越來越多的人事主管使用心理測驗、專業技能測驗和電腦技能測驗等客觀工具來驗證應徵者所謂的 3Q（IQ、EQ 和 TQ）。智力（IQ）和品格、工作態度、性向（EQ），以及專業技能和電腦技能（TQ，Techficiency Quotient），作為面談的先期資訊和選才的佐證。

財團法人中華民國電腦技能基金會（Computer Skills Foundation）基於「推廣電腦技能、普及資訊應用」的主旨，針對企業做了一份「企業徵才重點」調查，對象涵蓋全國 3,500 家企業，其中 52%的受訪者在用人時會要求應徵者必須先具備部分電腦技能，而這項要求會因職缺的不同而異，企業內部不同職務需要不同電腦技能，例如：中英文輸入、文書處理、試算表、資料庫、簡報、內部網路、網際網路、作業系統、程式設計、網頁設計...等。TQC（Techficiency Quotient Certification）企業人才技能認證，正是 CSF 針對企業用才需求，所提出來的一項整合性認證。

TQC 企業人才技能認證經過詳細調查、分析各職務工作需求，確認從事該項職務究竟應具備哪些電腦技能，再對所有電腦技能測驗項目重新歸類整合而成，不但能讓有志於從事該項職務的人員掌握學習的方向，對求才企業也提供了更快速、更客觀、更簡化的人才甄選程序。二十一世紀正值資訊應用的快速發展期，亦是國家 IT 發展的成長期，應著重於導引國人運用現代科技的便利、適切地融入生活，並協助企業及其員工維持生產效能、永續戰力。

　　TQC 目前規劃的認證，包括了專業英文秘書人員、專業企畫人員、專業財會人員、專業行銷人員、專業資訊管理工程師…等。現就這些專業人員及工程師必須具備的技能說明如下，各項技能需求之括號內為測驗代號，詳細測驗內容可參考本會網站：

職　　務　　別	電　腦　技　能　需　求
專業中文秘書人員	• 中文輸入 (C2) • 文書處理 (R2) • 電子試算表 (X1) • 電腦簡報 (P2) • 網際網路及行動通訊 (IM1)/雲端技術及網路服務 (CI1)
專業英文秘書人員	• 英文輸入 (E2) • 文書處理 (R2) • 電子試算表 (X1) • 電腦簡報 (P2) • 網際網路及行動通訊 (IM1)/雲端技術及網路服務 (CI1)
專業日文秘書人員	• 日文輸入 (J2) • 文書處理 (R2) • 電子試算表 (X1) • 電腦簡報 (P2) • 網際網路及行動通訊 (IM1)/雲端技術及網路服務 (CI1)
專　業　企　畫　人　員	• 文書處理 (R1) • 電子試算表 (X2) • 電腦簡報 (P2) • 網際網路及行動通訊 (IM2)/雲端技術及網路服務 (CI2)

職　　務　　別	電　腦　技　能　需　求
專 業 財 會 人 員	• 文書處理 (R1) • 電子試算表 (X2) • 電腦會計 (A2)/電腦會計 IFRS (IA2) • 數字輸入 (N2)
專 業 行 銷 人 員	• 文書處理 (R1) • 電子試算表 (X1) • 電腦簡報 (P1) • 網際網路及行動通訊 (IM2)/雲端技術及網路服務 (CI2)
專 業 人 事 人 員	• 中文輸入 (C1) • 文書處理 (R1) • 電子試算表 (X2) • 網際網路及行動通訊 (IM2)/雲端技術及網路服務 (CI2)
專 業 文 書 人 員	• 中文輸入 (C2) • 英文輸入 (E2) • 文書處理 (R2) • 電子試算表 (X1)
專 業 e-office 人 員	• 文書處理 (R1) • 電子試算表 (X1) • 電腦簡報 (P1) • 網際網路及行動通訊 (IM1)/雲端技術及網路服務 (CI1)
專 業 資 訊 管 理 工 程 師	• 電子商務概論 (EC2) • 作業系統 (W3) • 資料庫管理系統 (AS2) • 文書處理 (R2) • 網際網路及行動通訊 (IM2)/雲端技術及網路服務 (CI2)

職　　務　　別	電　腦　技　能　需　求
專業網站資料庫管理工程師	• 電子商務概論 (EC3) • 資料庫管理系統 (AS2) • 作業系統 (W3) • 大型資料庫管理系統 (MY3)
專業行動裝置應用工程師	• 行動裝置應用 (MA2) • 網際網路及行動通訊 (IM3)/雲端技術及網路服務 (CI2)
專業 Linux 系統管理工程師	• 電子商務概論 (EC3) • Linux 系統管理 (LX3)
專業 Linux 網路管理工程師	• 電子商務概論 (EC3) • Linux 系統管理 (LX3) • Linux 網路管理 (LM3)
行動商務人員	• 電子商務概論 (EC3) • 行動裝置應用 (MA3)
雲端服務商務人員	• 電子商務概論 (EC3) • 雲端技術及網路服務 (CI3)
物聯網商務人員	• 電子商務概論 (EC3) • 物聯網智慧應用及技術 (IO3)
物聯網應用服務人員	• 物聯網智慧應用及技術 (IO2) • 雲端技術及網路服務 (CI2) • 行動裝置應用 (MA2)
物聯網產品企畫人員	• 物聯網智慧應用及技術 (IO1) • 文書處理 (R1) • 電子試算表 (X2) • 電腦簡報 (P2)

職　　務　　別	電　腦　技　能　需　求
物　聯　網　產　品 行　　銷　　人　　員	• 物聯網智慧應用及技術 (IO1) • 文書處理 (R1) • 電子試算表 (X1) • 電腦簡報 (P1)
物　聯　網　產　品 管　　理　　人　　員	• 物聯網智慧應用及技術 (IO1) • 雲端技術及網路服務 (CI2) • 專案管理概論 (PF3)

1-2　取得 TQC 認證的優勢

考 TQC 的優勢

- 最專業的認證
- 校園採認加分
- 企業採認加分
- 求職就業加分

取得 TQC 認證的優勢

- 在校學生者，要唸好學校，TQC 升學加分有價值！
- 專業教師者，要教好學生，TQC 評量學生有綜效！
- 一般上班族，要找好工作，TQC 求職面談有優勢！
- 企業管理者，要工作品質，TQC 人員提升有制度！
- 企業經營者，要選才育才，TQC 晉用良才有標準！
- 學校經營者，要口碑招生，TQC 畢業就業有保障！
- 學校管理者，要師生同心，TQC 師生學習有目標！
- 自我進修者，要生涯規劃，TQC 築夢踏實有累積！
- 終身學習者，要未來增值，TQC 資訊學習有延續！

TQC 證書可抵海外大學學分

TQC 證書榮獲：澳洲國立臥龍崗大學（University of Wollongong Australia）、資訊技術學院（ITTI）、澳洲資訊科技學院（AIT）採認該會證書，擴大國內學子的升學管道，增加海外留學機會。持有電腦技能基金會核發 TQC 企業人才技能認證的任何三項技能證書，申請入學就可獲抵六個學分。

證照廣受各界肯定

　　TQC 認證技能指標貼近產業需求，許多企業於刊登職缺時，均指定求職者須具備 TQC 證照，如華碩、日月光、長興化學、榮成紙業、洋華光電、精誠資訊、富邦、大同、昆盈、威寶、中油、味全等各領域龍頭企業，並與和碩、華碩、廣達、宏達電、仁寶、鴻海、英業達、宏碁、聯發科、正文、精英、華寶等公司共同合作，使用認證技能指標舉辦徵才活動。詳細職缺與證照需求內容請參考 CSF 企業服務網-企業徵才公告：

http://hr.csf.org.tw/JobList.aspx

　　另外眾多應考人於取得證照之後，運用於求職、升學等方面，亦獲得許多助益。寶貴經驗分享請參考：

http://www.csf.org.tw/main/ExpList.asp

1-3　企業採用 TQC 證照的三大利益

　　企業的作戰力來自基層，精明卓越的將帥，需要機動靈活、士氣高昂、戰技優良的基層戰鬥團隊。在此競爭以及變遷激烈的資訊化時代下，電腦技能已經是不可或缺的一項現代化戰技，而且是越多元化、越紮實化越佳。TQC 人才認證可以讓企業確保其員工擁有達到相當水準的現代化戰技。經由這項認證的實施，企業至少可以獲得以下三項利益：

提高選才效率、降低尋人成本

　　讓電腦技能成為應徵者必備的技能，憑藉 TQC 人才認證所發證書，企業立即瞭解應徵者電腦技能實力，可以擇優而用，無須再花時間成本驗證，選才經濟、迅速。求職者在投入工作前，即具備可以獨立作業的專業技能，是每一位老闆的最愛。

縮短職前訓練、盡快加入戰鬥團隊

　　企業無須再為安排電腦技能職前訓練傷神，可以將職前訓練更專注於其他專業訓練，或者縮短訓練時間，讓新進同仁邁入「做中學」另一階段的在職訓練，大大縮短人才訓練流程，全心去面對激烈的新挑戰。對企業來說，更可直接地降低訓練成本。

如虎添翼、戰力十足

　　新進同仁因為電腦技能的應用，專業才華更能淋漓盡致，不僅企業作戰效率提升，員工個人工作成就感也得以滿足。同時，企業再透過在職進修的鼓勵，既可延續舊員工的戰力，更進一步地刺激其不斷向上的新動力。對企業體、對員工而言可說是一舉數得。

1-4 如何取得 TQC 證照

　　近年來國內大力倡導並推動產業自動化，舉凡辦公室自動化、生產自動化、工廠自動化等等，均是相當熱門的課題。在推行自動化的過程，電腦軟體的應用無疑是最基本也最具關鍵性的工具。目前市面上有為數不少的電腦軟體參考手冊及入門指引，從事電腦軟體教學的老師不可勝數，學習此項技能的人士更是多如過江之鯽。在從事與電腦軟體相關性質的使用者均存有以下幾個問題：

初學者

- ◆ 掌握不到學習的重點，不知從何處開始入門？
- ◆ 只曉得一些指令，卻不知如何靈活運用？
- ◆ 缺少可供練習的題目，加強自我技能的提升...

使用者

- ◆ 沒有評量工具測試自己的功力如何？
- ◆ 如何加強對指令更深入的瞭解與應用...
- ◆ 如何取得一張具公信力的證照，以證明自己的能力！

教學者

- ◆ 欠缺完整的教學藍圖（從何教？教什麼？教到哪裡？）
- ◆ 花費太多的時間來設計考試題目...
- ◆ 評量考試結果及成績登錄無法電腦化！

用才單位

- ◆ 沒有客觀公正的標準來認定應徵者的技能程度！
- ◆ 如何挑選足以勝任的電腦操作人員！

　　針對以上的問題，電腦技能基金會特別規劃了一套完整的培訓藍圖，期能滿足各界對於視窗軟體應用相關工作性質人士的需求，本書即是在這個刻不容緩的情形下相應而生的！

1-4-1　如何準備考試

瞭解適合個人的認證考試

在考試前，建議考生先評估個人職務或日常應用所需技能，並依自己對該認證的技能經驗來報考實用、進階或專業級。此外，進入 TQC 考生服務網（http://www.TQC.org.tw），考生亦可查詢到各類科各級別的考試題型、測驗時間，同時網頁上會詳細地提供考生與該科共通的認證建議。

準備 TQC 認證

CSF 為考生出版了一系列實力養成暨評量及解題秘笈，考生可至本會網站（http://www.CSF.org.tw）中的「出版品服務」查詢各科最新的教材。若考生對自己的準備沒有十足把握，則可選擇 CSF 電腦技能基金會所授權的 TQC 授權訓練中心參加認證課程，一般課程大多以一個月為期。此外，CSF 亦和大專院校合作，於校內推廣中心開設認證班，考生可就近與 CSF 合作的大專院校推廣中心或與 CSF 北中南三區聯繫詢問。

選擇考試地點

TQC 認證鑑定考試係由亞太第一的資訊鑑定專業機構－－財團法人中華民國電腦技能基金會（CSF）規劃辦理，凡持有「TQC 授權訓練中心（TATC）」字樣，並由 CSF 電腦技能基金會頒發授權牌的合格訓練中心，才是 CSF 授權、認證的單位。凡參加 TQC 授權訓練中心的考生，課程結束時該中心便隨即安排考生參加考試。若為自行報名考試者，可直接至 TQC 考生服務網，進入 TQC 個人線上報名網站，選擇理想的認證中心，以及鑑定科目和時間。

通過 TQC 考試，取得專業證書

通過考試者，CSF 將於一個月後寄發合格證書，若通過單科認證，則發給印有合格類科的 TQC 證書；若兌換人員別證書，則發給紙本及卡式人員別證書，並可再獲得該類別的識別標誌。持有此標誌者，代表其專業技術應用能力已獲得認可。考生可將此標誌黏貼於名片或重要識別證上，讓他人對您的專業領域一目瞭然。

以 TQC 證書求職

　　TQC 證書已為一般企業所瞭解與肯定，在覓職時，除了在自傳或履歷表中闡述自己的理想、抱負之外，若同時出示 TQC 證書，將更能突顯本身之技能專長、更容易獲得企業青睞。因為證書代表的不僅是個人的專業，更表現出持證者的那份用心和行動力。

1-4-2 報名考試與繳費

採用線上報名：

◆ 請參閱 TQC 考生服務網，網址：http://www.TQC.org.tw（各項測驗之相關規定及內容，以網站上公告為準），或至 TQC 個人線上報名網站報名，網址：http://exam.TQC.org.tw/TQCexamonline/default.asp。

繳費方式：

◆ 考場繳費：請至您報名的考場繳費。

◆ 使用 ATM 轉帳：報名後，系統會產生一組繳費帳號，您必須使用提款機將報名費直接轉帳至該帳號，即完成繳費；ATM 轉帳因有作業程序，請考生耐心等候處理時間；若遺忘該帳號，請由 TQC 個人線上報名網站登入/報名進度查詢/ATM 帳號，即可查詢繳費帳號。

◆ 至基金會繳費：請至本會各區推廣中心繳費。

區域	推　廣　中　心　地　址	連　絡　電　話
北區	台北市 105 八德路 3 段 2 號 6 樓	(02) 2577-8806
中區	台中市 406 北屯區文心路 4 段 698 號 24 樓	(04) 2238-6572
南區	高雄市 807 三民區博愛一路 366 號 7 樓之 4	(07) 311-9568

◆ 應考人完成報名手續後，請於繳費截止日前完成繳費，否則視同未完成報名，考試當天將無法應考。

◆ 應考人於報名繳費時，請再次上網確認考試相關科目及級別，繳費完成後恕不受理考試項目、級別、地點、延期及退費申請等相關異動。

◆ 繳費完成後，本會將進行資料建檔、試場及監考人員、安排試題製作等相關考務作業，故不接受延期及退費申請，但若因本身之傷殘、自身及一等親以內之婚喪、或天災不可抗拒之因素，造成無法於報名日期應考時，得依相關憑證辦理延期手續（但以一次為限）。

◆ 繳費成功後，請自行上 TQC 個人線上報名網站確認。

◆ 即日起，凡領有身心障礙證明報考 TQC 各項測驗者，每人每年得申請全額補助報名費四次，科目不限，同時報名二科即算二次，餘此類推，報名卻未到考者，仍計為已申請補助。符合補助資格者，應於報名時填寫「身心障礙者報考 TQC 認證報名費補助申請表」後，黏貼相關證明文件影本郵寄至本會申請補助。

應考須知：

- 應考人可於**測驗前三日**上網確認考試時間、場次、座號。

- 應考人如於測驗當天發現考試報名錯誤（級別、科目），於考試當天恕不受理任何異動。

- 應考人應攜帶身分證明文件並於進場前完成報名及簽到手續。（如學生證、身分證、駕照、健保卡等有照片之證件）。進場後請將身分證明置於指定位置，以利監場人員核對身分，未攜帶者不得進場應考。

- 考場提供測驗相關軟、硬體設備，除輸入法外，應考人不得隨意更換考場相關設備，亦不得使用自行攜帶的鍵盤、滑鼠等。

- 應考人應按時進場，公告之測驗時間開始十五分鐘後，考生不得進場；考生繳件出場後，不得再進場；公告測驗時間開始廿分鐘內不得出場。

- 應考人考試中如遇任何疑問，為避免考試權益受損，應立即舉手反應予監場人員處理，並於考試當天以 E-MAIL 寄發本會客服，以利追蹤處理，如未及時反應，考試後恕不受理。

測驗成績：

- 測驗成績將於應試二週後公布在網站上，考生可於原報名之「TQC 個人線上報名網站」以個人帳號密碼登入成績查詢，或洽考場查詢。

- 本認證各項目達合格標準者，由主辦單位於公布成績兩週後核發合格證書。

- 欲申請複查成績者，可於 TQC 個人線上報名網站成績公布後兩週內，下載複查申請表向主辦單位申請複查，並隨附複查工本費 100 元及貼足郵票之回郵信封，逾期不予受理，且成績複查以一次為限。

　　本會保有修改報名及測驗等相關資料之權利，若有修改恕不另行通知，最新資料歡迎查閱本會網站！

　　（TQC 各項測驗最新的簡章內容及出版品服務，以網站公告為主）

- 本會網站：http://www.CSF.org.tw

- TQC 考生服務網：http://www.TQC.org.tw

1-4-3　技能認證的測驗對象

　　具備商務軟體應用能力 Microsoft Office 2019 一學期學習經驗之大專、高中（職）各科系學生，或同等學習資歷（36 小時以上）之社會人士。（初次學習者建議學習時數達 36 小時；有使用經驗者建議學習時數達 18 小時）

1-4-4　技能認證測驗內容

　　TQCOA 包含各項辦公軟體認證，其中亦包含商務軟體應用能力 Microsoft Office 技能認證，其詳細認證內容如下：

商務軟體應用能力 Microsoft Office 2019 技能認證：

認證項目	軟體版本	等級	代號	應考時間	測驗內容	合格成績
商務軟體應用能力 Microsoft Office	2019	專業級	MO3	60 分鐘	術科 3 題組	70 分

商務軟體應用能力 Microsoft Office 認證（專業級 MO3）：
術科第一至三類各考一題組共三題組，第一大題（組）共 8 小題，每小題 5 分，共計 40 分，第二大題（組）共 6 小題，每小題 5 分，共計 30 分，第三大題（組）共 6 小題，每小題 5 分，共計 30 分，滿分 100 分。於認證時間 60 分鐘內作答完畢並存檔，成績加總達 70 分（含）以上者該科合格。

1-4-5 技能認證測驗方式

為使讀者能清楚有效的瞭解整個實際測驗的流程及所需時間。請參閱下列「技能測驗流程圖」為專業級測驗流程所作之說明。另外,「測驗操作程序圖」則針對考生實地參加測驗所須操作之程序,進行一詳細解說。在看過這二個簡單而清晰的流程圖後,請搭配「4-3 實地測驗操作程序範例」一節內的實際範例學習,加強對本項測驗流程之瞭解。

技能測驗流程圖

*預備動作	◆ 執行測驗程式 ◆ 進入測驗準備畫面
考生進場	◆ 考生簽名 ◆ 核對證件 ◆ 對號入座
*注意事項及測驗流程說明	◆ 聆聽注意事項與測驗流程
進行測驗	◆ 登入測驗系統 ◆ 依題目說明作答 ◆ 依題目要求儲存作答檔案
結束測驗	◆ 存檔完成並交回測驗試卷

*由監考人員執行

測驗操作程序圖

熟悉系統與週邊裝置操作

登入測驗系統
（輸入身分證統一編號）

閱覽注意事項

進行術科測驗

自行載入軟體進行術科測驗，
依題目要求作答存檔

結束測驗

心 得 筆 記

企業人才技能認證

Techficiency Quotient Certification

第二章 ▶

題庫練習系統－操作指南

2-1 題庫練習系統安裝流程

步驟一：執行附書光碟，選擇「安裝商務軟體應用能力 Microsoft Office 2019 題庫練習系統」開始安裝程序。（或執行光碟中 TqcCAI_MO9_Setup.exe 檔案）

步驟二：在詳讀「授權合約」後，若您接受合約內容，請按「接受」鈕繼續安裝「TQCertified 題庫練習系統」。

步驟三：輸入「使用者姓名」與「單位名稱」後，請按「下一步」鈕繼續安裝。

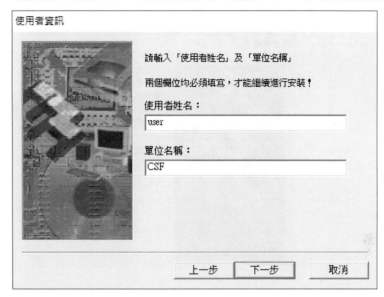

步驟四：系統的安裝路徑必須為「C:\TQC2010CAI.csf」。安裝所需的磁碟空間約 276MB。

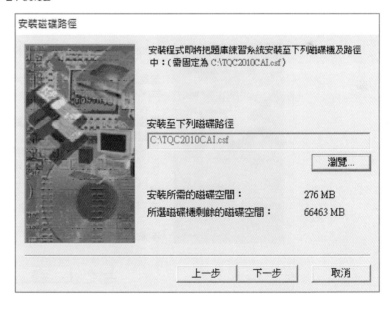

步驟五：設定本系統在「開始/所有應用程式」內的資料夾第一層捷徑名稱為「TQCertified 題庫練習系統」。

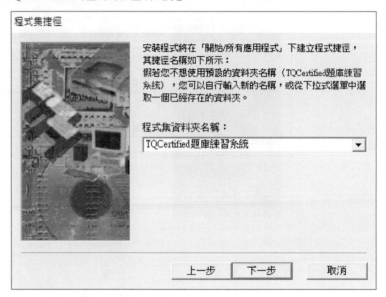

步驟六：安裝前相關設定皆完成後，請按「安裝」鈕。

步驟七：安裝程式開始進行安裝動作，請稍待片刻。

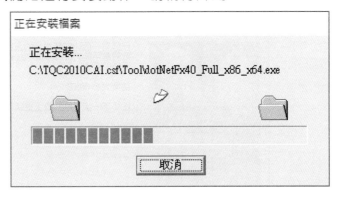

步驟八：以上的項目在安裝完成之後，安裝程式會詢問您是否要進行版本的
更新檢查，請按「下一步」鈕。建議您執行本項操作，以確保系統
為最新的版本。

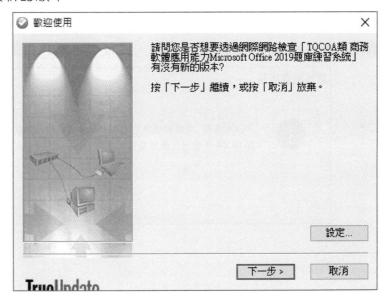

步驟九：接下來進行線上更新，請按下「下一步」鈕。

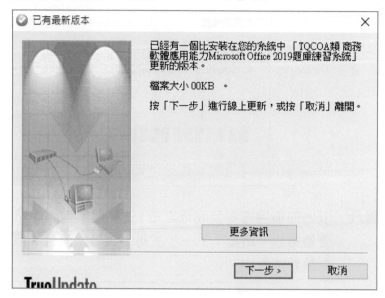

步驟十：更新完成後，出現如下訊息，請按下「確定」鈕。

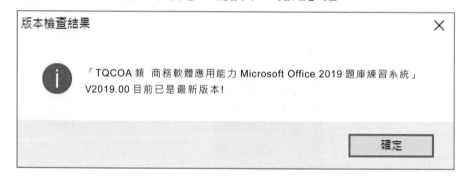

步驟十一：成功完成更新後，請按下「關閉」鈕。

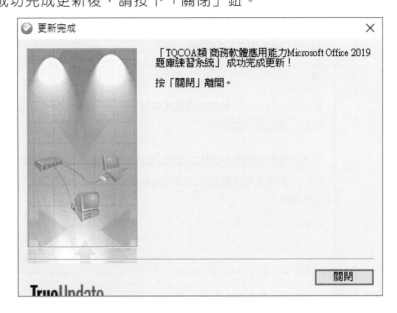

步驟十二：安裝完成！您可以透過提示視窗內的客戶服務機制說明，取得關於本項產品的各項服務。按下「完成」鈕離開安裝畫面。

步驟十三：安裝完成後，系統會提示您必須重新啓動電腦，請務必按下「確定」鈕重新啓動電腦，安裝的系統元件方能完成註冊，以確保電腦評分結果之正確性。

注意　　　　　　　　　　　　　　　　　　　　　　　　　　　　✕

要完成安裝，您的電腦必須重新啟動。點選 "確定" 重新啟動，如果您想稍候重新啟動，請點選 "取消"。

如果您是安裝 Office 2013, Office 2016 或 Office 2019 相關的練習系統或測驗系統，您必須重新啟動電腦，安裝的系統元件方能完成註冊，以確保電腦評分結果之正確性！

[確定]　　　[取消]

2-2　術科練習程序

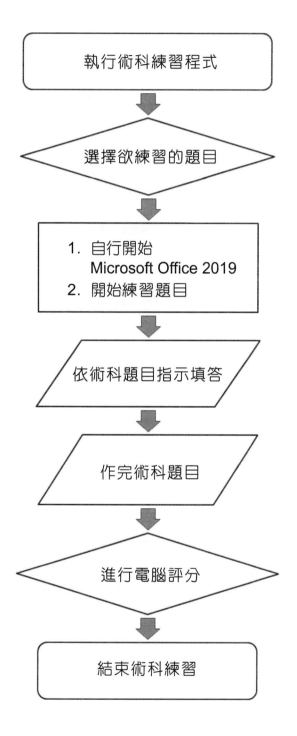

步驟一：執行桌面的「TQC 題庫練習系統(2019 單機版)」程式項目，此時
　　　　會開啟「TQC 題庫練習系統(2019) 單機版」，請點選功能列中的「技
　　　　能練習/術科練習」鈕。

步驟二：在窗格中，選擇欲練習的科目、類別、題目後，按「開始練習」鈕。
　　　　系統會將您選擇的題目及作答相關檔案，一併複製到「C:\ANS.csf」
　　　　資料夾之中。

步驟三：系統會再次提示您，檔案已複製到「C:\ANS.csf」資料夾，請按「確
　　　　定」鈕開始練習。

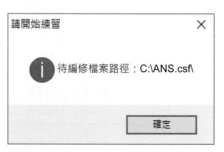

步驟四：接著系統會自動開啓「ANS.csf」資料夾，「ANS.csf」資料夾中會有題目的類別資料夾，如選擇第一類則資料夾名稱為「MO01」，第二類資料夾名稱則是「MO02」，依此順序類推至第三類。

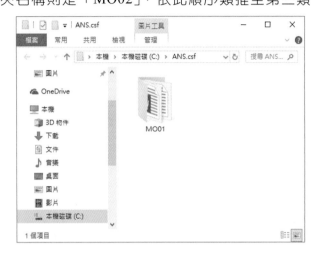

步驟五：在類別資料夾中則會有本次練習所選擇的檔案，請依題目指示開啓檔案進行練習。

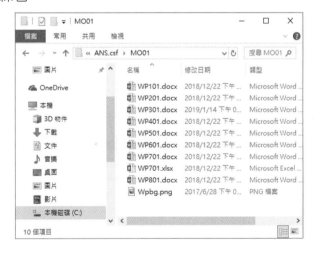

步驟六：當您練習完成後，請依題目指示儲存檔案，並回到「TQC 題庫練習系統(2019) 單機版」系統，選擇欲評分的科目、類別、題目後，按「術科評分」鈕，即會開始進行評分。

步驟七：系統進行評分需一段時間，請稍後。

步驟八：評分完成後，系統會自動開啓本次練習的評分明細記錄檔
（Score.txt）。

2-3　TQC 題庫練習系統 單機版說明

本書所附的「TQC 題庫練習系統 單機版」除了提供商務軟體應用能力 Microsoft Office 2019 術科題目的練習與評分功能之外，也可記錄管理您練習的成績。使用方式如下：

步驟一：請在功能列點選「使用者專區/編輯身分」後，會出現「基本資料登錄」窗格，請參照預設值之資料格式，填寫您的基本資料以供系統記錄。基本資料建立完成後，請按「儲存」鈕。

基本資料登錄

* 身分證統一編號(最多18位)	A234567890	
學 號 (最多10位)	1	
* 系級簡稱 (最多8位)	資一甲	
班導師 (最多中文5字)	伍延	
* 姓名 (至少中文2字)	陸瑟	
* 班級座號 (2位)	10	性別 男
出生年月日 (西元8位)	2001年 5月14日	

重新輸入　匯入資料　匯出資料　刪除此筆　儲 存　回主選單

步驟二：填寫完成後請按下「儲存」鈕，會連續出現「儲存基本資料」窗格及「系統訊息」窗格，分別按下「確定」鈕後即完成基本資料的建立，請再按「回主選單」鈕。

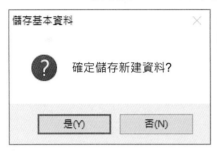

步驟三：回到主畫面後，請點選「使用者專區/登入身分」後，會出現「使用者登入」窗格，此時請選擇欲登入的身分為您剛才所填寫的姓名及請輸入您剛才所填寫的身分證統一編號，請按下「確定」鈕，出現「系統訊息」窗格，再按下「確定」鈕，即登入本系統。

步驟四：接著請選擇學科練習或術科練習功能進行練習，在評分後，即可點選「使用者專區/成績管理」，「成績管理」會記錄您在登入身分後所進行的練習成績。

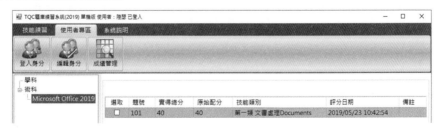

心 得 筆 記

第三章 ▶

技能測驗－術科題庫

及解題步驟

3-1 術科題庫分類及涵蓋技能內容

類 別	技 能 內 容
第 一 類	文書處理 Documents
	1. 頁面設定
	2. 字元設定
	3. 段落
	4. 樣式和格式
	5. 表格
	6. 多媒體
	7. 合併列印
	8. 其他操作

技能內容說明：評核受測者是否具有文件的基本編輯能力，以頁面、字元、段落、樣式和格式、表格、多媒體、合併列印及其他操作為主的編輯功能與應用技巧為主體，設計出專業的文件。

類　　　別	技　　能　　內　　容
第　二　類	試算表應用 Spreadsheets
	1. 格式設定 2. 工作表編輯與保護設定 3. 多媒體物件 4. 公式與函式 5. 資料應用 6. 列印設定
技能內容說明：評核受測者是否具有試算表的基本編輯能力，以格式、工作表編輯與保護、多媒體、公式與函式、資料應用及列印為主的編輯功能與應用技巧為主體，設計出專業的試算表。	
第　三　類	簡報設計 Presentations
	1. 投影片設定 2. 格式設定 3. 多媒體物件 4. 投影片轉場 5. 自訂動畫 6. 投影片放映
技能內容說明：評核受測者是否具有簡報的基本編輯能力，以投影片、格式、多媒體、投影片轉場、自訂動畫及投影片放映為主的編輯功能與應用技巧為主體，設計出專業的簡報。	

3-2 第一類：文書處理 Documents

題組一 **題目 WP101** Documents

一、作答須知：

　　請至 C:\ANS.CSF\MO01 資料夾開啟題目所需之檔案進行編輯，作答完成後，請依原檔名儲存檔案。

二、設計項目：

　　1.開啟 **WP101.docx** 檔案進行編輯。

　　2.頁面紙張大小設定為自訂大小寬度 16 公分、高度 9 公分，上、下、左、右邊界改為 1.5 公分，頁面色彩設定為「金色, 輔色 4, 較淺 80%」。

解題步驟

Step1 由【版面配置】索引標籤的【版面設定】功能區，按下「版面設定對話方塊啟動器」，開啟【版面設定】對話方塊。

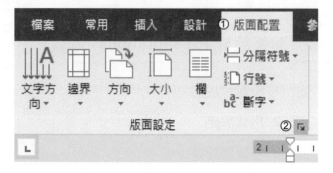

Step2 由【版面設定】對話方塊的【紙張】索引標籤中，【紙張大小】的【寬度】：輸入「16 公分」、【高度】：輸入「9 公分」。

Step3 由【版面設定】對話方塊的【邊界】索引標籤中，【邊界】的【上】、【下】、
【左】、【右】：皆輸入「1.5 公分」，按下「確定」。

Step4 由【設計】索引標籤的【頁面背景】功能區，選擇「頁面色彩」下拉
選項中的「金色, 輔色 4, 較淺 80%」。

題組一　題目 WP201　　　　　　　　　　Documents

一、作答須知：

　　請至 C:\ANS.CSF\MO01 資料夾開啟題目所需之檔案進行編輯，作答完成後，請依原檔名儲存檔案。

二、設計項目：

　　1.開啟 **WP201.docx** 檔案進行編輯。

　　2.所有英文字轉換成半形，設定每個單字字首大寫。（修正縮寫單字）

　　3.所有紅色文字設定字元間距加寬 1.8 點。

解題步驟

Step1　選取英文文字，由【常用】索引標籤的【字型】功能區，選擇「大小寫轉換」下拉選項中的「每個單字字首大寫」及「半形」，並對「Don'T」作「拼字及文法檢查」修正。

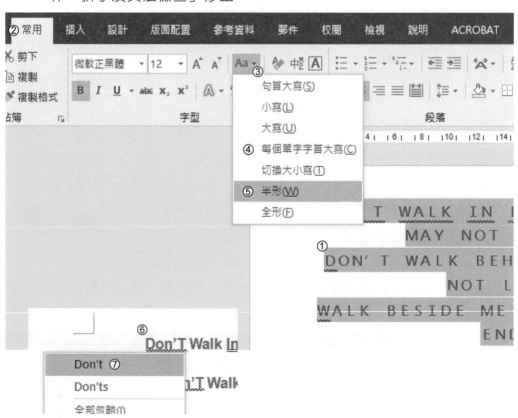

Step2 選擇【紅色】文字，由【常用】索引標籤的【字型】功能區，按下「字型對話方塊啟動器」，開啟【字型】對話方塊。

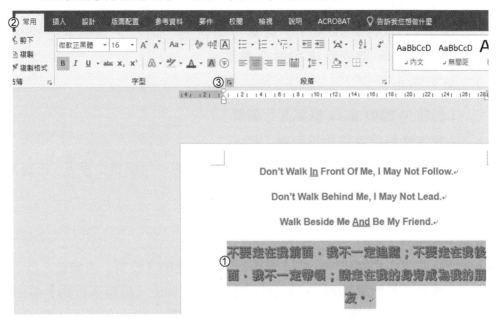

Step3 由【字型】對話方塊的【進階】索引標籤中，【字元間距】的【間距】：選擇「加寬」、【點數設定】：輸入「1.8 點」，按下「確定」。

 **題目 WP301** Documents

一、作答須知：

　　請至 C:\ANS.CSF\MO01 資料夾開啓題目所需之檔案進行編輯，作答完成後，請依原檔名儲存檔案。

二、設計項目：

　　1.開啓 **WP301.docx** 檔案進行編輯。

　　2.設定標題段落與後段距離 1 行。

　　3.所有黑色文字段落設定左縮排 4 公分，第一行縮排 2 字元，行距為 1.2 倍行高。

解題步驟

Step1 選取紫色標題文字，由【常用】索引標籤的【段落】功能區，按下「段落對話方塊啓動器」，在【段落】對話方塊的【縮排與行距】索引標籤中，【段落間距】的【與後段距離】：選擇「1 行」，按下「確定」。

Step2 選取所有黑色文字，由【常用】索引標籤的【編輯】功能區，點選「選取」下拉方塊的「選取所有類似格式的文字」，再到【段落】功能區，按下「段落對話方塊啟動器」，開啟【段落】對話方塊。

Step3 由【段落】對話方塊的【縮排與行距】索引標籤中，【縮排】的【左】：輸入「4 公分」、【指定方式】：選擇「第一行」、【位移點數】：輸入「2 字元」、【行距】：選擇「多行」、【行高】：輸入「1.2」，按下「確定」。

題組一 **題目 WP401**

一、作答須知：

請至 C:\ANS.CSF\MO01 資料夾開啟題目所需之檔案進行編輯，作答完成後，請依原檔名儲存檔案。

二、設計項目：

1. 開啟 **WP401.docx** 檔案進行編輯。

2. 新增名為「Aboriginal」的段落樣式，無樣式根據，字型大小 20pt、粗體，字型色彩「深紅」，段落前分頁。

3. 第二頁至第四頁中所有的藍色文字，套用「Aboriginal」的段落樣式。

解題步驟

Step1 由【常用】索引標籤的【樣式】功能區，按下「樣式對話方塊啟動器」，開啟【樣式】窗格，按下「新增樣式」，在【從格式建立新樣式】對話方塊中，【名稱】：輸入「Aboriginal」、【樣式根據】：選擇「無樣式」，接著選擇「格式」下拉選項中的「字型」，開啟【字型】對話方塊。

Step2 在【字型】對話方塊的【字型】索引標籤中，【字型樣式】：選擇「粗
體」、【大小】：輸入「20」、【字型色彩】：選擇「深紅」，按下「確定」，
回到【從格式建立新樣式】對話方塊。

Step3 再接著選擇「格式」下拉選項中的「段落」，開啟【段落】對話方塊。

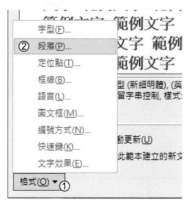

Step4 在【段落】對話方塊的【分行與分頁設定】索引標籤，【分頁】：勾選「段落前分頁」，按下「確定」，回到【從格式建立新樣式】對話方塊，按下「確定」。

Step5 選擇第二頁的「賽夏族~」文字，由【常用】索引標籤的【編輯】功能區，選擇「選取」下拉選項中的「選取格式設定類似的所有文字（無資料）」，按下【常用】索引標籤的【樣式】功能區中的「Aboriginal」樣式。

 題目 WP501　　　　　　　　　　　　　　Documents

一、作答須知：

　　請至 C:\ANS.CSF\MO01 資料夾開啓題目所需之檔案進行編輯，作答完成後，請依原檔名儲存檔案。

二、設計項目：

　　1.開啓 **WP501.docx** 檔案進行編輯。

　　2.所有藍色文字轉換成 2 欄 16 列的表格。

　　3.新增標題列，依序輸入標題名稱為「第一組」、「第二組」。

解題步驟

Step1　選取藍色文字，由【插入】索引標籤的【表格】功能區，選擇「表格」下拉選項中的「文字轉換為表格」，開啓【文字轉換為表格】對話方塊，按下「確定」。

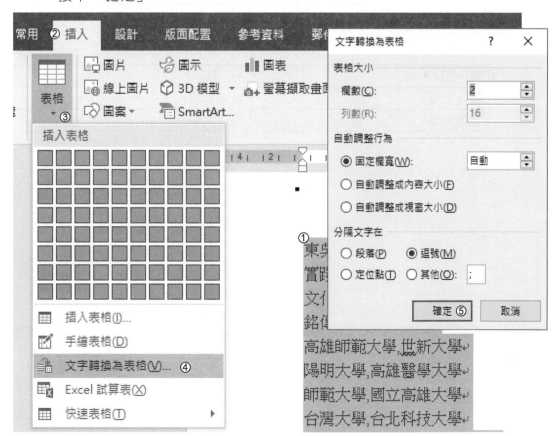

Step2 游標置於「東吳大學」中，由【表格工具】的【版面配置】索引標籤的【列與欄】功能區，按下「插入上方列」。

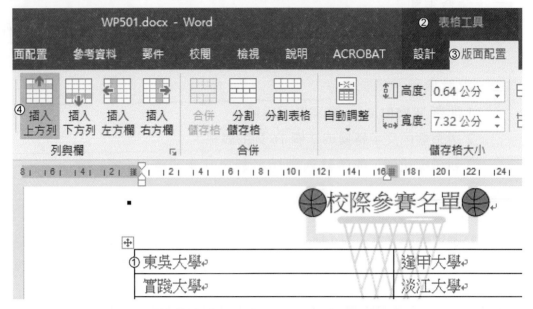

Step3 在新增列中分別輸入「第一組」及「第二組」。

題組一　題目 WP601　　　　　　　　　　Documents

一、作答須知：

請至 C:\ANS.CSF\MO01 資料夾開啓題目所需之檔案進行編輯，作答完成後，請依原檔名儲存檔案。

二、設計項目：

1.開啓 **WP601.docx** 檔案進行編輯。

2.插入 **Wpbg.png** 圖片，由「版面配置/位置」設定對齊頁面置中靠下，調整寬度為 21 公分，文繞圖為「文字在前」，設定替代文字的描述為 Wpbg.png。

解題步驟

Step1　由【插入】索引標籤的【圖例】功能區，按下「圖片」，開啓【插入圖片】對話方塊，選擇「Wpbg.png」圖檔，按下「插入」。

Step2 由【圖片工具】的【格式】索引標籤的【大小】功能區，按下「大小對話方塊啟動器」，開啟【版面配置】對話方塊的【大小】索引標籤，【寬度】：輸入「21 公分」。

Step3 在【版面配置】對話方塊的【文繞圖】索引標籤，【文繞圖的方式】：選擇「文字在前」。

Step4 在【版面配置】對話方塊的【位置】索引標籤：

- 【水平】的【對齊方式】：選擇「置中對齊」、【相對於】：選擇「頁」。
- 【垂直】的【對齊方式】：選擇「靠下」、【相對於】：選擇「頁」。
- 按下「確定」。

Step5　選擇「Wpbg.png」圖檔，【圖片工具】的【格式】索引標籤，在【協助工具】功能區中，按下「替代文字」，在【替代文字】窗格中的【(建議使用 1-2 個句子)】：輸入「Wpbg.png」。

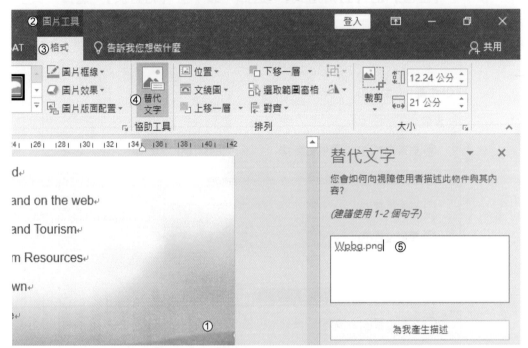

題組一 **題目 WP701** Documents

一、作答須知：

請至 C:\ANS.CSF\MO01 資料夾開啓題目所需之檔案進行編輯，作答完成後，請依原檔名儲存檔案。

二、設計項目：

1. 開啓 **WP701.docx** 檔案進行編輯。

2. 啓動合併列印的「信件」功能，以 **WP701.docx** 為合併列印的主文件，載入 **WP701.xlsx** 作為合併列印的資料來源。

3. 第五個段落的 4 個半形空白之前插入<客戶>合併欄位，最後一行插入<地址>合併欄位。

4. 合併前的主文件依原檔名儲存；合併列印後的新文件，以 **WP701-1.docx** 檔名儲存。

解題步驟

Step1 由【郵件】索引標籤的【啓動合併列印】功能區，選擇「啓動合併列印」下拉選項中的「信件」。

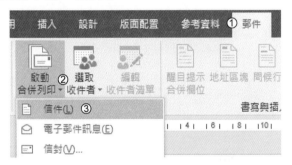

Step2 由【郵件】索引標籤的【啓動合併列印】功能區，選擇「選取收件者」下拉選項中的「使用現有清單」，開啓【選取資料來源】對話方塊。

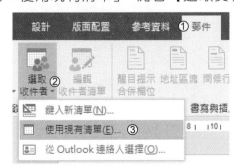

Step3 在【選取資料來源】對話方塊中，選擇「WP701.xlsx」檔案，按下「開
　　　 啟」，開啟【選取表格】對話方塊，再按下「確定」。

Step4　游標置於「先生/小姐」前四個空白鍵處，由【郵件】索引標籤的【書寫與插入功能變數】功能區，選擇「插入合併欄位」下拉選項中的「客戶」。

Step5　游標置於「<<客戶>>」下方段落符號前，由【郵件】索引標籤的【書寫與插入功能變數】功能區，選擇「插入合併欄位」下拉選項中的「地址」。

Step6 由【郵件】索引標籤的【完成】功能區，選擇「完成與合併」下拉選項中的「編輯個別文件」，開啟【合併到新文件】對話方塊，按下「確定」。

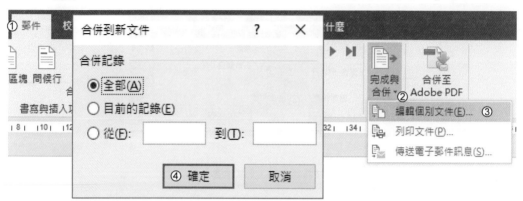

Step7 將「WP701.docx」直接存檔，「信件 1.docx」另存成「WP701-1.docx」，再按下「儲存」。

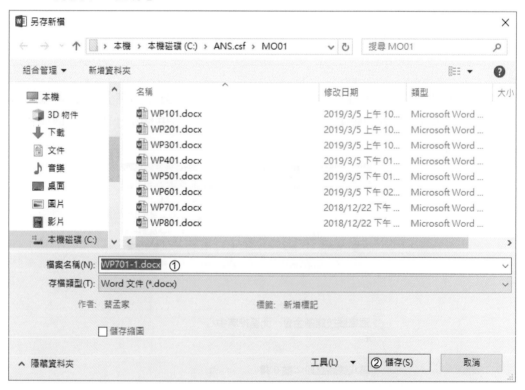

題組一　**題目 WP801**　　　　　　　　　　　　　Documents

一、作答須知：

　　請至 C:\ANS.CSF\MO01 資料夾開啟題目所需之檔案進行編輯，作答完成後，請依原檔名儲存檔案。

二、設計項目：

　　1.開啟 **WP801.docx** 檔案進行編輯。

　　2.修正英文句的大小寫，執行拼字檢查並校正錯誤的單字。

解題步驟

Step1　選取英文句，由【常用】索引標籤的【字型】功能區，選擇「大小寫轉換」下拉選項中的「句首大寫」。

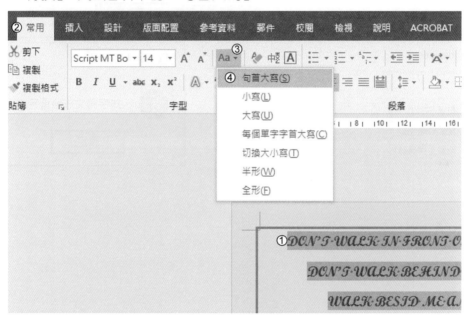

Step2　由【校閱】索引標籤的【校訂】功能區，按下「拼字及文法檢查」，開啟【拼字檢查】窗格。

Step3 在【拼字檢查】窗格中，依序按下【建議】裡的修正選項，直到所有英文單字修正完成，跳出【拼字與文法檢查完成】對話方塊，按下「確定」。

題組二 ┃ 題目 WP102　　　　　　　　　　　　　　　 Documents

一、作答須知：

　　請至 C:\ANS.CSF\MO01 資料夾開啟題目所需之檔案進行編輯，作
　　答完成後，請依原檔名儲存檔案。

二、設計項目：

　　1.開啟 **WP102.docx** 檔案進行編輯。

　　2.將最後一段文字分為二等欄、欄間距 0.5 公分、加分隔線。

解題步驟

Step1 選取最後一段文字，由【版面配置】索引標籤的【版面設定】功能區，
　　　選擇「欄」下拉選項中的「其他欄」，開啟【欄】對話方塊，【預設格
　　　式】：點選「二」、【間距】：輸入「0.5 公分」、勾選「分隔線」，按下
　　　「確定」。

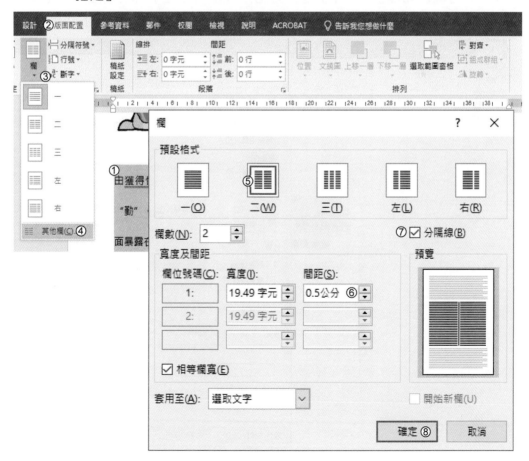

題組二 題目 WP202  Documents

一、作答須知：

請至 C:\ANS.CSF\MO01 資料夾開啟題目所需之檔案進行編輯，作答完成後，請依原檔名儲存檔案。

二、設計項目：

1. 開啟 **WP202.docx** 檔案進行編輯。

2. 所有內容，字型改成 Verdana、中文字型改為新細明體。

3. 第一段「海嘯」文字移除背景色，文字（字與字之間）的距離為 44 點。

解題步驟

Step1 全選文字，由【常用】索引標籤的【字型】功能區，按下「字型對話方塊啟動器」，在【字型】對話方塊的【字型】索引標籤中，【中文字型】：選擇「新細明體」、【字型】：選擇「Verdana」，按下「確定」。

Step2 選取「海嘯」文字，由【常用】索引標籤的【段落】功能區，選擇「框線」下拉選項中的「框線及網底」，在【框線及網底】對話方塊的【網底】索引標籤中，【填滿】：選擇「無色彩」，按下「確定」。

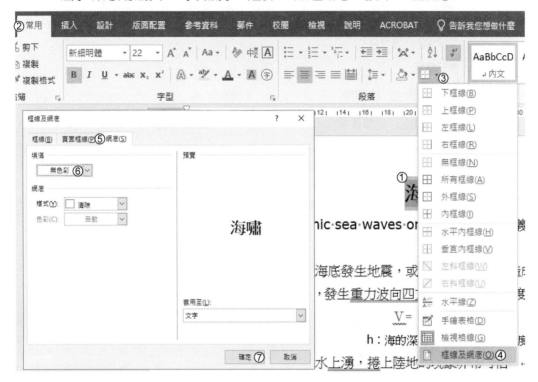

Step3 單選「海」字，由【常用】索引標籤的【字型】功能區，按下「字型對話方塊啟動器」，開啟【字型】對話方塊。

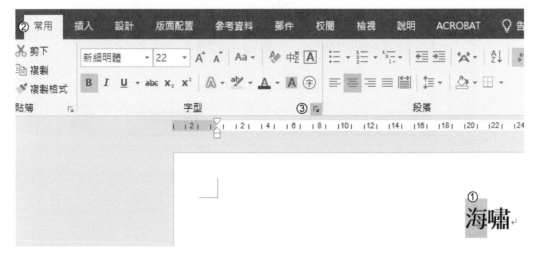

Step4 在【字型】對話方塊的【進階】索引標籤，【字元間距】的【間距】：
選擇「加寬」、【點數設定】：輸入「44 點」，按下「確定」。

字型	? ✕

字型(N) ① 進階(V)

字元間距

縮放比例(C): 100%

間距(S): 加寬 ②　　　點數設定(B): 44 點③

位置(P): 標準　　　位移點數(Y):

☑ 字元間距調整(K): 1　　點以上套用(O)

☑ 文件格線被設定時，貼齊格線(W)

OpenType 功能

連字(L): 無

數字間距(M)... 預設

數字表單(F): 預設

文體集(T): 預設

☐ 使用上下文替代字(A)

預覽

海

此字型樣式是模擬用於顯示的。列印時會使用最接近、符合的樣式。

設定成預設值(D)　文字效果(E)...　確定 ④　取消

題組二　題目 WP302　　　　　　　　　　Documents

一、作答須知：

請至 C:\ANS.CSF\MO01 資料夾開啟題目所需之檔案進行編輯，作答完成後，請依原檔名儲存檔案。

二、設計項目：

1. 開啟 **WP302.docx** 檔案進行編輯。

2. 淺藍色區域上的所有內容，設定同紅色文字段落的定位點。

解題步驟

Step1　選取淺藍色區域上的文字，由【常用】索引標籤的【段落】功能區，按下「段落對話方塊啟動器」，開啟【段落】對話方塊。

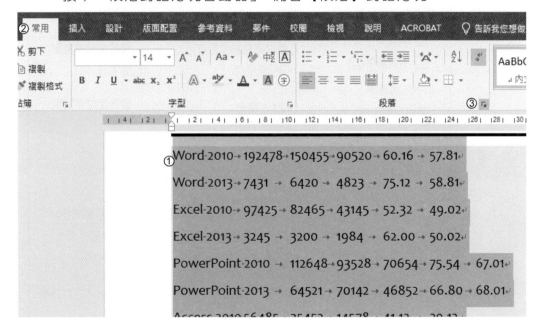

Step2 由【段落】對話方塊，按下「定位點」，開啓【定位點】對話方塊，依序在【定位停駐點位置】：輸入「13 字元」、「21.8 字元」、「30 字元」、「37.8 字元」、「46 字元」，【對齊】：皆點選「靠右」，按下「設定」，全部設定完成後，按下「確定」。(可以先選擇紅色文字查詢)

段落	? ✕

縮排與行距(I)　分行與分頁設定(P)　中文印刷樣式(H)

分頁
☐ 段落遺留字串控制(W)
☐ 與下段同頁(X)
☐ 段落中不分頁(K)
☐ 段落前分頁(B)

格式化例外狀況
☐ 本段落不編行號(S)
☐ 不要斷字(D)

文字方塊選項
緊密文繞圖(R)：
無

定位點	? ✕

定位停駐點位置(T)：
46 字元 ②

13 字元
21.8 字元
30 字元
37.8 字元
46 字元

預設定位停駐點(F)：
2 字元

清除定位停駐點：

對齊
○ 靠左(L)　　○ 置中(C)　　③ ◉ 靠右(R)
○ 小數點(D)　○ 分隔線(B)

前置字元
◉ 1 無(1)　　○ 2 ....(2)　　○ 3 ------(3)
○ 4 ___(4)　　○ 5 -------(5)

④ 設定(S)　　清除(E)　　全部清除(A)

⑤ 確定　　取消

預覽

①定位點(T)...　設定成預設值(D)　確定　取消

題目 WP402 　　　　　　　　　　　　　　　　Documents

一、作答須知：

　　請至 C:\ANS.CSF\MO01 資料夾開啓題目所需之檔案進行編輯，作答完成後，請依原檔名儲存檔案。

二、設計項目：

　　1. 開啓 **WP402.docx** 檔案進行編輯。

　　2. 匯入 **WP402-1.docx** 的「原住民」段落樣式。

　　3. 第二頁至第四頁中所有藍色文字，套用「原住民」段落樣式。

解題步驟

Step1　由【常用】索引標籤的【樣式】功能區，按下「樣式對話方塊啓動器」，在【樣式】窗格中，按下「管理樣式」，開啓【管理樣式】對話方塊，再按下「匯入/匯出」，開啓【組合管理】對話方塊。

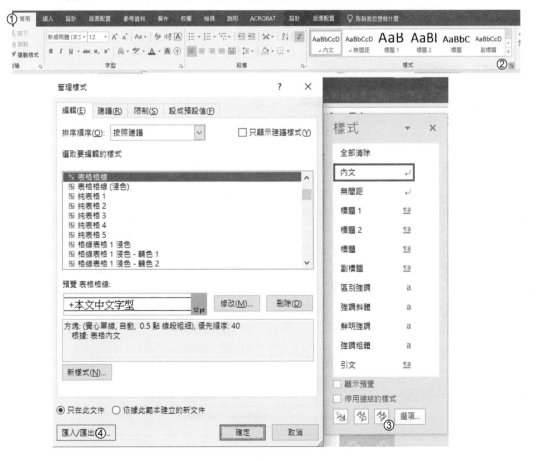

Step2 在【組合管理】對話方塊中，按下右邊的「關閉檔案」。

Step3 接著按下「開啟檔案」，在【開啟舊檔】對話方塊中，將「檔案格式」改成「所有檔案」，選擇「WP402-1.docx」檔案，按下「開啟」。

Step4 選擇「右側」的「原住民」樣式，按下「<-複製」，再按下「關閉」。

Step5 選取「賽夏族~」文字，由【常用】索引標籤的【編輯】功能區，選
　　　擇「選取」下拉選項中的「選取格式設定類似的所有文字（無資料）」，
　　　按下【常用】索引標籤的【樣式】功能區中的「原住民」樣式。

題組二 　題目 WP502 　　　　　　　　　　Documents

一、作答須知：

請至 C:\ANS.CSF\MO01 資料夾開啟題目所需之檔案進行編輯，作答完成後，請依原檔名儲存檔案。

二、設計項目：

1.開啟 **WP502.docx** 檔案進行編輯。

2.所有文字轉換成表格，刪除「郵遞區號」、「地址」、「性別」三個欄位。

3.表格第 1 欄寬 2.72 公分，第 2 欄寬 3 公分，第 3~8 欄寬平均分配欄寬（1.88 公分）。

解題步驟

Step1 全選文字，由【插入】索引標籤的【表格】功能區，選擇「表格」下拉選項中的「文字轉換為表格」，開啟【文字轉換為表格】對話方塊，按下「確定」。

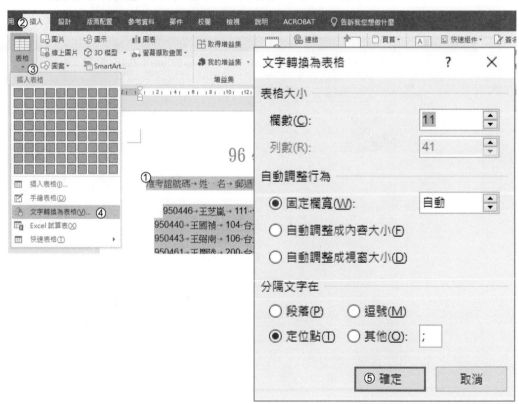

Step2　選擇「郵遞區號」、「地址」、「性別」三個欄位，由【表格工具】的【版面配置】索引標籤的【列與欄】功能區，選擇「刪除」下拉選項中的「刪除欄」。

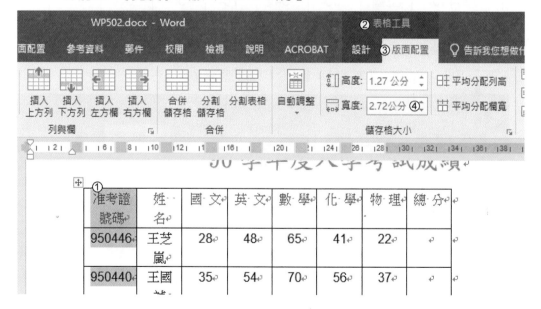

Step3　選擇第 1 欄，由【表格工具】/【版面配置】索引標籤的【儲存格大小】功能區，【寬度】：輸入「2.72 公分」。

Step4 選擇第 2 欄，由【表格工具】/【版面配置】索引標籤的【儲存格大小】
功能區，【寬度】：輸入「3 公分」。

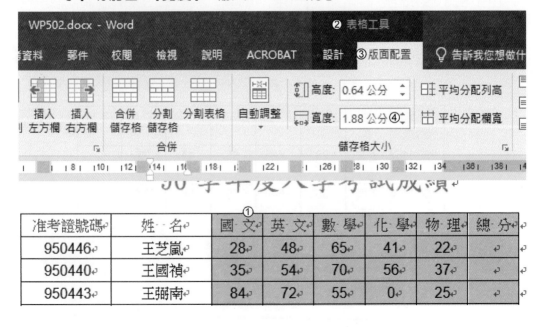

Step5 選擇第 3~8 欄，由【表格工具】/【版面配置】索引標籤的【儲存格大
小】功能區，【寬度】：輸入「1.88 公分」。

題組二 **題目** WP602　　　　　　　　　　　　　Documents

一、作答須知：

請至 C:\ANS.CSF\MO01 資料夾開啟題目所需之檔案進行編輯，作答完成後，請依原檔名儲存檔案。

二、設計項目：

1.開啟 **WP602.docx** 檔案進行編輯。

2.複製 **WP602.xlsx** 的圖表，在第二頁的第二個段落位置貼上。

解題步驟

Step1 開啟「WP602.xlsx」檔案，選取圖表，由【常用】索引標籤的【剪貼簿】功能區，按下「複製」，切換回「WP602.docx」檔案，游標置於第二頁的第二個段落符號前，由【常用】索引標籤的【剪貼簿】功能區，選擇「貼上」下拉選項中的「使用目的地佈景主題和內嵌活頁簿」。

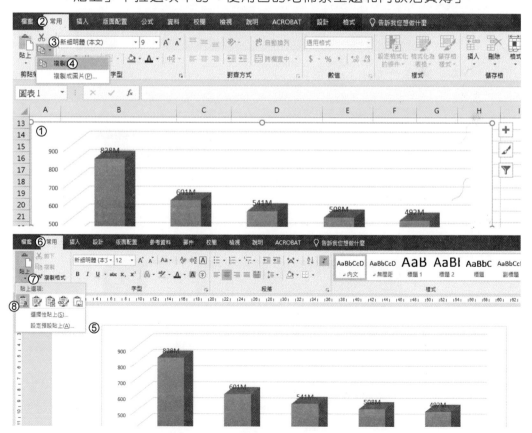

| 題組二 | 題目 WP702 | Documents |

一、作答須知：

　　請至 C:\ANS.CSF\MO01 資料夾開啟題目所需之檔案進行編輯，作答完成後，請依原檔名儲存檔案。

二、設計項目：

　　1.開啟 **WP702.docx** 檔案進行編輯。

　　2.啟動合併列印的「信件」功能，以 **WP702.docx** 為合併列印的主文件，載入 **WP702-1.xlsx** 作為合併列印的資料來源。

　　3.在表格中，分別插入<產品代號>、<產品名稱>...<數量>合併欄位。

解題步驟

Step1 由【郵件】索引標籤的【啟動合併列印】功能區，選擇「啟動合併列印」下拉選項中的「信件」。

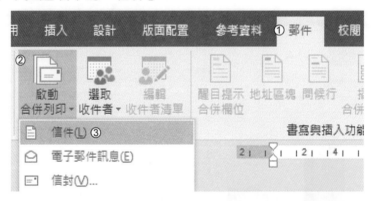

Step2 由【郵件】索引標籤的【啟動合併列印】功能區，選擇「選取收件者」下拉選項中的「使用現有清單」，開啟【選取資料來源】對話方塊。

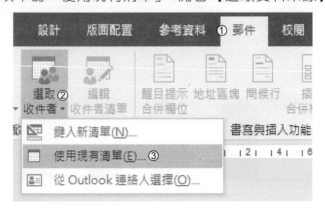

Step3 在【選取資料來源】對話方塊，選擇「WP702-1.xlsx」檔案，按下「開
啟」，開啟【選取表格】對話方塊，按下「確定」。

Step4 將游標分別移到各儲存格中，由【郵件】索引標籤的【書寫與插入功能變數】功能區，按下「插入合併欄位」下拉選項，依序插入相對應的合併欄位。

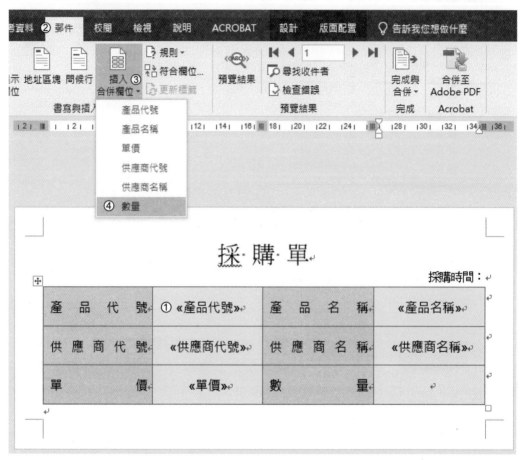

題組二	題目 WP802	Documents

一、作答須知：

請至 C:\ANS.CSF\MO01 資料夾開啟題目所需之檔案進行編輯，作答完成後，請依原檔名儲存檔案。

二、設計項目：

1.開啟 **WP802.docx** 檔案進行編輯。

2.將簡體轉換為「繁體」。

3.第三段起的段落格式，左側顯示行號（不可加分節符號）。

解題步驟

Step1　全選文字，由【校閱】索引標籤的【中文繁簡轉換】功能區，按下「簡轉繁」。

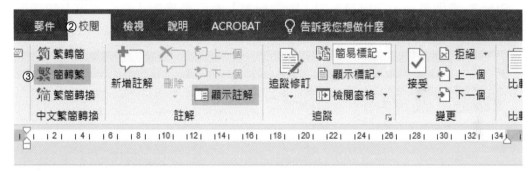

Step2 由【版面配置】索引標籤的【版面設定】功能區，選擇「行號」下拉
選項中的「連續」。

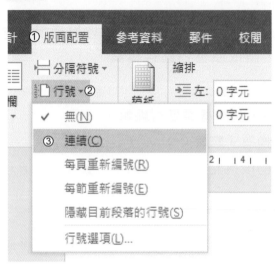

Step3 選取第一、二段落，由【版面配置】索引標籤的【版面設定】功能區，
選擇「行號」下拉選項中的「隱藏目前段落的行號」。

題組三 題目 WP103 Documents

一、作答須知：

請至 C:\ANS.CSF\MO01 資料夾開啟題目所需之檔案進行編輯，作答完成後，請依原檔名儲存檔案。

二、設計項目：

1.開啟 **WP103.docx** 檔案進行編輯。

2.頁面紙張大小改為 A4。

3.加上頁面框線：套用 ▬ 花邊、寬 20 點、色彩「淺藍」，上、下、左、右邊界改為 0 點（度量基準「頁緣」)。

解題步驟

Step1 由【版面配置】索引標籤的【版面設定】功能區，選擇「大小」下拉選項中的「A4　21 公分　×　29.7 公分」。

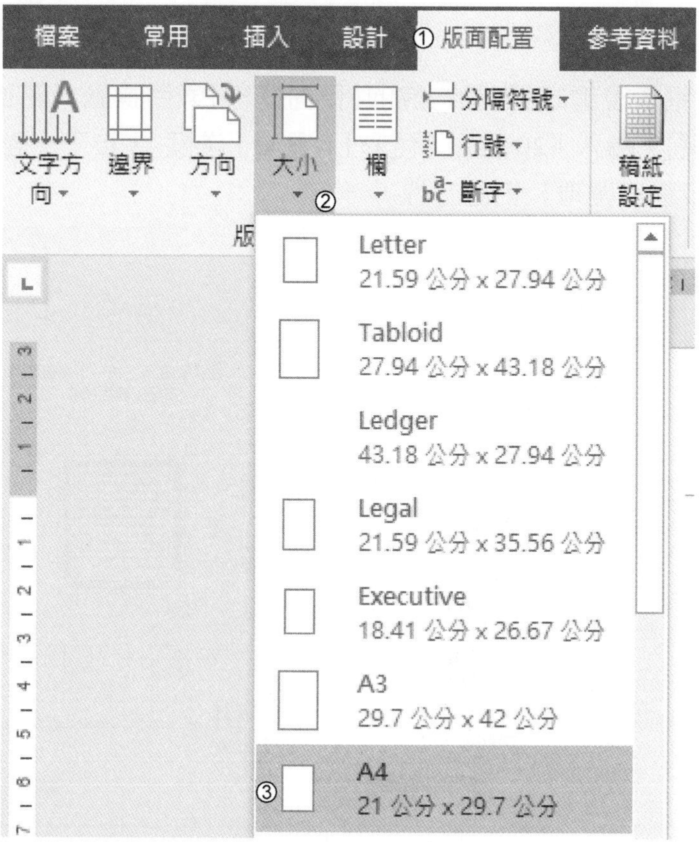

Step2 由【常用】索引標籤的【段落】功能區，選擇「框線」下拉選項中的「框線及網底」，開啟【框線及網底】對話方塊。

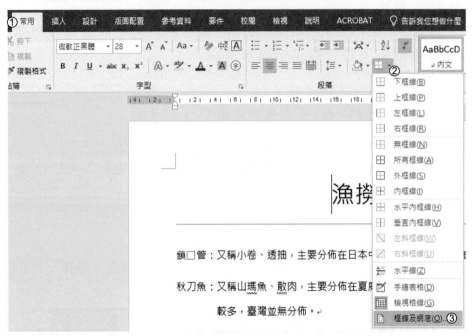

Step3 在【框線及網底】對話方塊的【頁面框線】索引標籤，【花邊】：選擇 ▬ 、【寬】：輸入「20 點」、【色彩】：選擇「淺藍」，按下「選項」，開啟【框線及網底選項】對話方塊。

Step4 在【框線及網底選項】對話方塊，【邊界】的【上】、【下】、【左】、【右】：
　　　 皆輸入「0 點」，按下「確定」，回到【框線及網底】對話方塊的【頁
　　　 面框線】索引標籤，按下「確定」。

題組三　題目 WP203　　　　　　　　　　　　　　　　Documents

一、作答須知：

請至 C:\ANS.CSF\MO01 資料夾開啟題目所需之檔案進行編輯，作答完成後，請依原檔名儲存檔案。

二、設計項目：

1. 開啟 **WP203.docx** 檔案進行編輯。

2. 將「2017」文字方向左旋轉 90 度、縮放比例至 90%。（注意：不可使用「文字方塊」）

3. 將「看見台灣」改以括弧括住的並列文字、括弧樣式「[]」。

解題步驟

Step1　選取「2017」文字，由【常用】索引標籤的【段落】功能區，選擇「亞洲方式配置」下拉選項中的「橫向文字」，開啟【橫向文字】對話方塊，按下「確定」。

Step2 再次選取「2017」文字，由【常用】索引標籤的【段落】功能區，選擇「亞洲方式配置」下拉選項中的「字元比例」的「90%」。

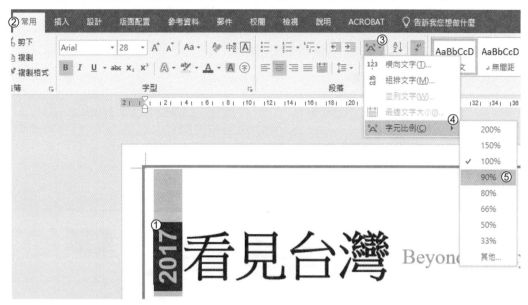

Step3 選取「看見台灣」文字，由【常用】索引標籤的【段落】功能區，選擇「亞洲方式配置」下拉選項中的「並列文字」，開啟【並列文字】對話方塊。

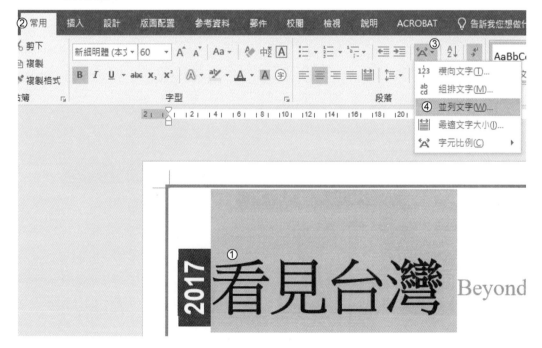

Step4 在【並列文字】對話方塊，勾選「以括弧括住」、【括弧樣式】：選擇「[]」，
按下「確定」。

題組三　**題目 WP303**　　　　　　　　　　　Documents

一、作答須知：

　　請至 C:\ANS.CSF\MO01 資料夾開啓題目所需之檔案進行編輯，作答完成後，請依原檔名儲存檔案。

二、設計項目：

　　1.開啓 **WP303.docx** 檔案進行編輯。

　　2.編輯所有段落，左右縮排 2 字元，與前段距離 1 行。

　　3.第一段的前 3 個字元設定首字放大繞邊 3 行高度。

解題步驟

Step1 全選文字，由【常用】索引標籤的【段落】功能區，按下「段落對話方塊啓動器」，開啓【段落】對話方塊。

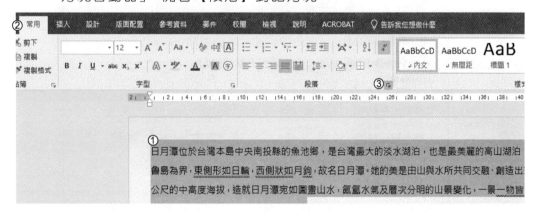

Step2 在【段落】對話方塊的【縮排與行距】索引標籤,【縮排】的【左】、【右】:
皆輸入「2 字元」、【段落間距】的【與前段距離】:選擇「1 行」,按下
「確定」。

段落　　　　　　　　　　　　　　　　　　　　?　　✕

① 縮排與行距(I)　　分行與分頁設定(P)　　中文印刷樣式(H)

一般

　對齊方式(G):　　左右對齊　∨

　大綱階層(O):　　本文　　　∨　　☐ 依預設摺疊(E)

縮排

　左(L):　②2 字元 ⊡　　指定方式(S):　　位移點數(Y):

　右(R):　③2 字元 ⊡　　(無)　　　　∨　　　　　⊡

　☐ 鏡像縮排(M)

　☑ 文件格線被設定時,自動調整右側縮排(D)

段落間距

　與前段距離(B):　1 行 ④ ⊡　　行距(N):　　　行高(A):

　與後段距離(F):　0 行　　⊡　　固定行高　∨　24 點 ⊡

　☐ 相同樣式的各段落之間不要加上間距(C)

　☑ 文件格線被設定時,貼齊格線(W)

預覽

定位點(T)...　　設定成預設值(D)　　⑤ 確定　　取消

Step3 選取第一段落開頭文字「日月潭」，由【插入】索引標籤的【文字】功能區，選擇「首字放大」下拉選項中的「繞邊」。

題組三 **題目 WP403** **Documents**

一、作答須知：

　　請至 C:\ANS.CSF\MO01 資料夾開啟題目所需之檔案進行編輯，作答完成後，請依原檔名儲存檔案。

二、設計項目：

　　1.開啟 **WP403.docx** 檔案進行編輯。

　　2.所有紅色文字段落套用「標題 2」段落樣式，修改「標題 2」段落樣式：行距改為 2 倍行高。

　　3.所有綠色文字段落套用「內文縮排」段落樣式，修改「內文縮排」樣式：左縮排改為 2 公分。（提示：可透過「樣式」的「選項」開啟所有樣式）

解題步驟

Step1 選取任意一個紅色文字段落，由【常用】索引標籤的【編輯】功能區，選擇「選取」下拉選項中的「選取格式設定類似的所有文字(無資料)」，點選【常用】索引標籤的【樣式】功能區的「標題 2」。

Step2 對著「標題 2」按滑鼠右鍵，選擇「修改」，開啟【修改樣式】對話方塊。

Step3 在【修改樣式】對話方塊，選擇「格式」下拉選項的「段落」，開啟【段落】對話方塊。

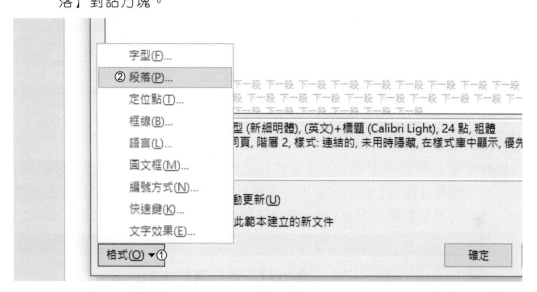

Step4 在【段落】對話方塊的【縮排與行距】索引標籤，【行距】：選擇「2倍行高」，按下「確定」，回到【修改樣式】對話方塊，按下「確定」。

Step5 選取任意一個綠色文字段落，由【常用】索引標籤的【編輯】功能區，選擇「選取」下拉選項中的「選取格式設定類似的所有文字（無資料）」。

Step6 由【常用】索引標籤的【樣式】功能區，按下「樣式對話方塊啟動器」，開啟【樣式】窗格，按下「選項」，開啟【樣式窗格選項】對話方塊，【選取要顯示的樣式】：選擇「所有樣式」，按下「確定」。

Step7 由【樣式】窗格，選擇「內文縮排」，再選擇「內文縮排」右側下拉選
單，選擇「修改」，開啟【修改樣式】對話方塊。

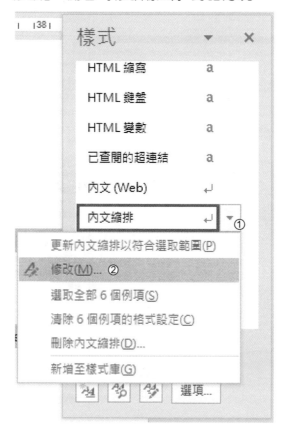

Step8 在【修改樣式】對話方塊，選擇「格式」下拉選項中的「段落」，開啟
【段落】對話方塊。

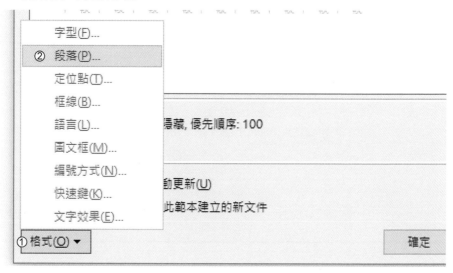

Step9 由【段落】對話方塊的【縮排與行距】索引標籤，【縮排】的【左】：
　　　　輸入「2 公分」，按下「確定」，回到【修改樣式】對話方塊，按下「確
　　　　定」。

題組三　題目 WP503　　　　　　　　　　Documents

一、作答須知：

　　請至 C:\ANS.CSF\MO01 資料夾開啓題目所需之檔案進行編輯，作答完成後，請依原檔名儲存檔案。

二、設計項目：

　　1.開啓 **WP503.docx** 檔案進行編輯。

　　2.水平線下方的所有內容轉換成表格，自動調整成內容大小。

　　3.表格「置中」對齊。

解題步驟

Step1　選擇水平線下方文字，由【插入】索引標籤的【表格】功能區，選擇「表格」下拉選項中的「文字轉換為表格」，開啓【文字轉換為表格】對話方塊。

Step2 在【文字轉換為表格】對話方塊，【自動調整行為】：點選「自動調整成內容大小」、【分隔文字在】：點選「其他」並輸入「;」，按下「確定」。

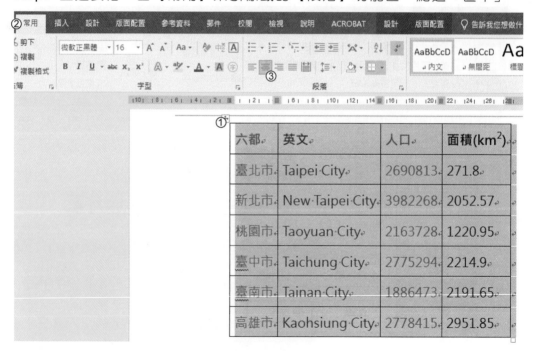

Step3 全選表格，由【常用】索引標籤的【段落】功能區，點選「置中」。

六都	英文	人口	面積(km²)
臺北市	Taipei City	2690813	271.8
新北市	New Taipei City	3982268	2052.57
桃園市	Taoyuan City	2163728	1220.95
臺中市	Taichung City	2775294	2214.9
臺南市	Tainan City	1886473	2191.65
高雄市	Kaohsiung City	2778415	2951.85

題組三	題目 WP603	Documents

一、作答須知：

　　請至 C:\ANS.CSF\MO01 資料夾開啟題目所需之檔案進行編輯，作答完成後，請依原檔名儲存檔案。

二、設計項目：

　　1.開啟 **WP603.docx** 檔案進行編輯。

　　2.將黃色小鴨圖片，設定反射效果：透明度 50%、大小 15%、模糊 0.5pt、距離 0pt。

解題步驟

Step1　選取黃色小鴨圖片，由【圖片工具】/【格式】索引標籤的【圖片樣式】功能區，選擇「圖片效果」下拉選項中「反射」的「反射選項」，開啟【設定圖片格式】窗格。

Step2 在【設定圖片格式】窗格中【效果】/【反射】：

- 【透明度】：輸入「50%」。

- 【大小】：輸入「15%」。

- 【模糊】：輸入「0.5pt」。

- 【距離】：輸入「0pt」。

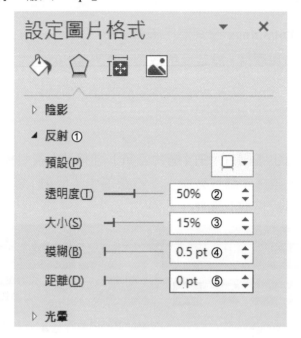

題組三	題目 WP703	Documents

一、作答須知：

　　請至 C:\ANS.CSF\MO01 資料夾開啟題目所需之檔案進行編輯，作答完成後，請依題目指示儲存檔案於同一資料夾下。

二、設計項目：

　　1.開啟 **WP703.docx** 檔案進行編輯。

　　2.啟動合併列印的「信件」功能，以 **WP703.docx** 為合併列印的主文件，載入 **WP703.xlsx** 作為合併列印的資料來源。

　　3.在「受獎者」之後插入<班級>、<姓名>合併欄位。

　　4.合併前的主文件依原檔名儲存；合併列印後的新文件，以 **WP703-1.docx** 檔名儲存。

解題步驟

Step1 由【郵件】索引標籤的【啟動合併列印】功能區，選擇「啟動合併列印」下拉選項中的「信件」。

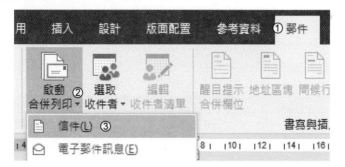

Step2 由【郵件】索引標籤的【啟動合併列印】功能區，選擇「選取收件者」下拉選項中的「使用現有清單」，開啟【選取資料來源】對話方塊。

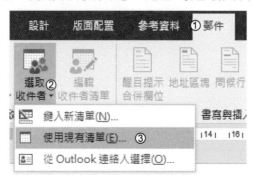

Step3 在【選取資料來源】對話方塊，選擇「WP703.xlsx」檔案，按下「開啓」，開啓【選取表格】對話方塊，按下「確定」。

Step4 由【郵件】索引標籤的【書寫與插入功能變數】功能區，按下「插入合併欄位」下拉選項，在「受獎者」之後依序插入「<<班級>><<姓名>>」的合併欄位。

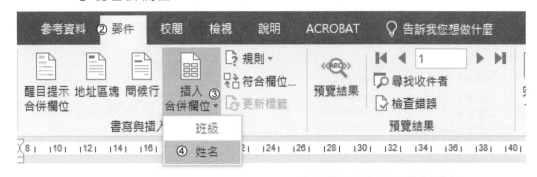

Step5 由【郵件】索引標籤的【完成】功能區，選擇「完成與合併」下拉選項中的「編輯個別文件」，開啟【合併到新文件】對話方塊，按下「確定」。

Step6 將「信件 1」文件，另存成「WP703-1.docx」，再按下「儲存」。

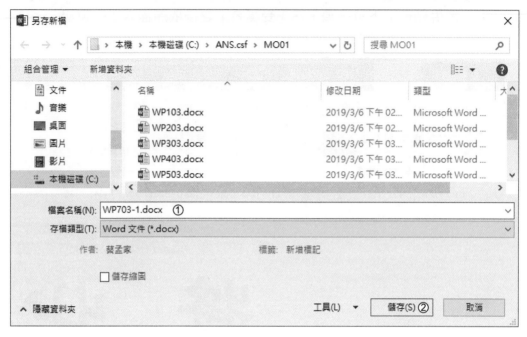

題組三 題目 WP803 Documents

一、作答須知：

　　請至 C:\ANS.CSF\MO01 資料夾開啟題目所需之檔案進行編輯，作答完成後，請依題目指示儲存檔案於同一資料夾下。

二、設計項目：

　　1.開啟 **WP803.docx** 檔案進行編輯。

　　2.在頁尾的「第頁」之間插入「純數字」頁碼。（注意：由「目前位置」設定）

　　3.以 **Mountain.jpg** 圖片的 90%比例做為浮水印（不刷淡）。

解題步驟

Step1 在頁尾處按滑鼠左鍵兩下後，將游標置於「第頁」之間，由【頁首及頁尾工具】/【設計】索引標籤的【頁首及頁尾】功能區，選擇「頁碼」下拉選項中「目前位置」的「純數字」。

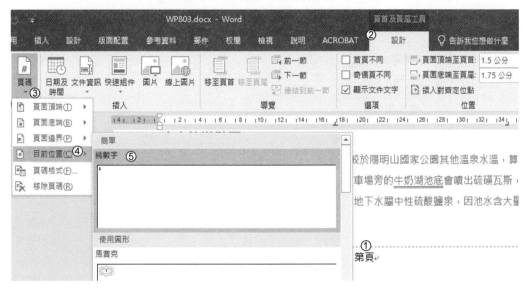

Step2 由【設計】索引標籤的【頁面背景】功能區，選擇「浮水印」下拉選
項中的「自訂浮水印」，開啟【列印浮水印】對話方塊。

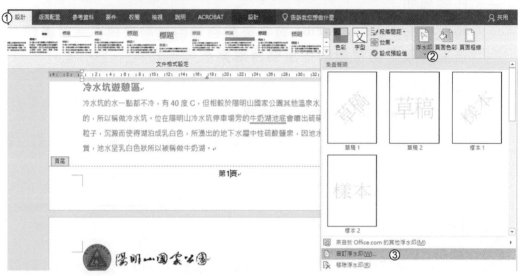

Step3 在【列印浮水印】對話方塊，點選「圖片浮水印」，並按下「選取圖片」，
開啟【插入圖片】對話方塊，選擇「從檔案」。

Step4 在【插入圖片】對話方塊，選擇「Mountain.jpg」圖檔，按下「插入」，
回到【列印浮水印】對話方塊。

Step5 在【列印浮水印】對話方塊，【縮放比例】：輸入「90%」、取消勾選「刷
淡」，按下「確定」。

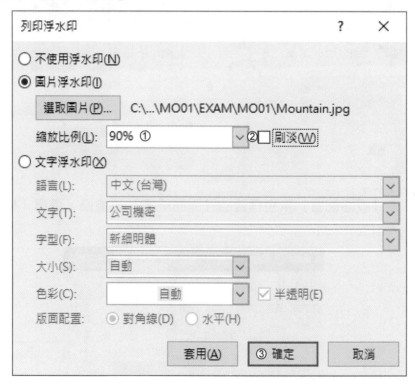

| 題組四 | 題目 WP104 | Documents |

一、作答須知：

　　請至 C:\ANS.CSF\MO01 資料夾開啓題目所需之檔案進行編輯，作答完成後，請依原檔名儲存檔案。

二、設計項目：

　　1.開啓 **WP104.docx** 檔案進行編輯。

　　2.紙張方向改為橫向、文字方向改為水平。

　　3.全文分為等寬的二欄。

解題步驟

Step1 由【版面配置】索引標籤的【版面設定】功能區，選擇「文字方向」下拉選項中的「水平」，再按下「方向」下拉選項中的「橫向」。（建議先改文字方向，再確認紙張方向）

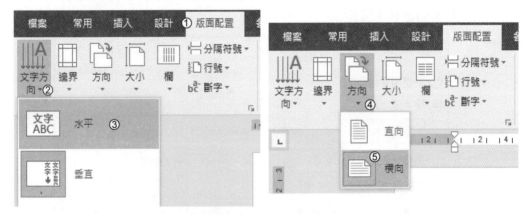

Step2 由【版面配置】索引標籤的【版面設定】功能區，選擇「欄」下拉選項中的「二」。

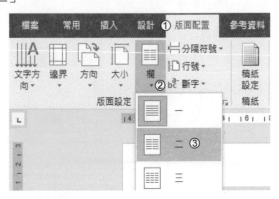

題組四 　**題目 WP204**　　　　　　　　　　Documents

一、作答須知：

請至 C:\ANS.CSF\MO01 資料夾開啓題目所需之檔案進行編輯，作答完成後，請依原檔名儲存檔案。

二、設計項目：

1.開啓 **WP204.docx** 檔案進行編輯。

2.將「♀」文字符號上移 5 點。

3.最後一段網址作為 You Tube 超連結網址，完成後刪除最後一段段落。

解題步驟

Step1 選取「♀」，由【常用】索引標籤的【字型】功能區，按下「字型對話方塊啓動器」，開啓【字型】對話方塊。

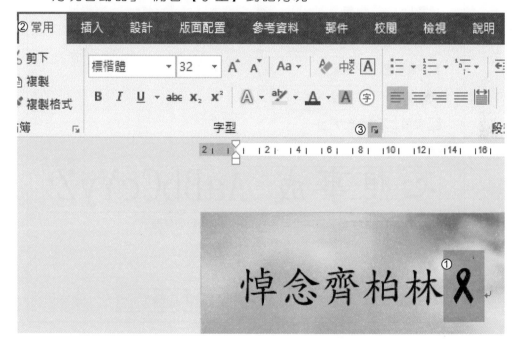

Step2 在【字型】對話方塊的【進階】索引標籤，【位置】：選擇「上移」、【位移點數】：輸入「5 點」，按下「確定」。

字型	? ✕

字型(N) ① 進階(V)

字元間距

縮放比例(C): 100%

間距(S): 標準　　　　　點數設定(B):

位置(P): ② 上移　　　　位移點數(Y): 5 點 ③

☑ 字元間距調整(K): 1　　點以上套用(O)

☑ 文件格線被設定時，貼齊格線(W)

OpenType 功能

連字(L): 無

數字間距(M)... 預設

數字表單(F): 預設

文體集(T): 預設

☐ 使用上下文替代字(A)

預覽

心想事成 AaBbCcYyZz

此為 TrueType 字型，該字型可用於印表機列印與螢幕顯示。

設定成預設值(D)　文字效果(E)...　④ 確定　取消

Step3 選擇「網址」後剪下，並刪除空白段落，接著選擇 You Tube 圖檔，由【插入】索引標籤的【連結】功能區，按下「連結」，開啟【插入超連結】對話方塊。

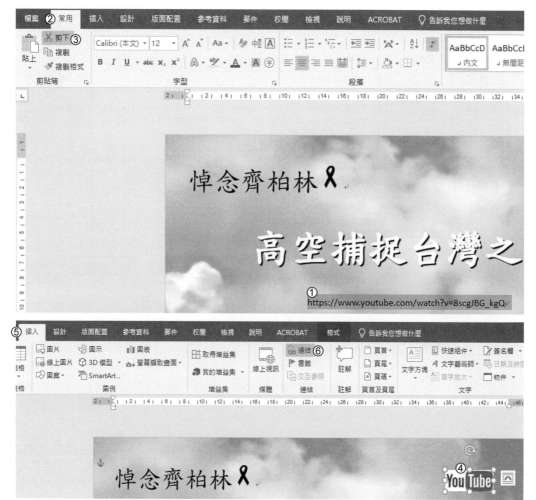

Step4 在【插入超連結】對話方塊中，【連結至】：選擇「現存的檔案或網頁」、
【網址】：使用「Ctrl + V」貼上方才剪下的網址，最後按下「確定」。

題組四 題目 WP304　　　　　　　　　　　　　Documents

一、作答須知：

請至 C:\ANS.CSF\MO01 資料夾開啓題目所需之檔案進行編輯，作答完成後，請依原檔名儲存檔案。

二、設計項目：

1.開啓 **WP304.docx** 檔案進行編輯。

2.所有藍色文字段落加上編號：編號樣式「一，二，三 (繁)…」、編號格式「一、」，設定第一個定位停駐點靠左對齊 2 公分、第二個定位停駐點靠左對齊 8 公分。

解題步驟

Step1 選擇藍色文字，由【常用】索引標籤的【段落】功能區，選擇「編號」下拉選項中的「一、, 二、, 三、」。

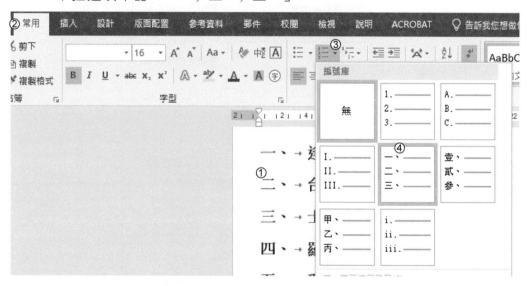

Step2 由【常用】索引標籤的【段落】功能區，按下「段落對話方塊啓動器」，開啓【段落】對話方塊。

Step3　在【段落】對話方塊，點選「定位點」，開啟【定位點】對話方塊。

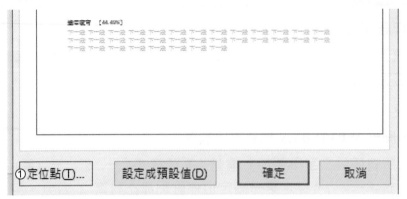

Step4　在【定位點】對話方塊，【定位停駐點位置】：分別輸入「2 公分」及
　　　　「8公分」，【對齊】：點選「靠左」，按下「設定」，全部完成後按下「確
　　　　定」。

題組四　　題目 WP404　　　　　　　　　　　Documents

一、作答須知：

　　請至 C:\ANS.CSF\MO01 資料夾開啟題目所需之檔案進行編輯，作答完成後，請依原檔名儲存檔案。

二、設計項目：

　　1.開啟 **WP404.docx** 檔案進行編輯。

　　2.定義多層次清單並套用至指定文字，第 1 階層的設定：數字格式「1.」、數字樣式「1, 2, 3, ...」，第 2 階層的設定：數字格式「1.a.」、數字樣式「a, b, c, ...」。

　　3.將文中所有的綠色文字段落套用多層次清單的「第 1 階層」，所有的黑色文字段落套用多層次清單的「第 2 階層」。

解題步驟

Step1　選擇綠色及黑色文字，由【常用】索引標籤的【段落】功能區，選擇「多層次清單」下拉選項中的「定義新的多層次清單」，開啟【定義新的多層次清單】對話方塊。

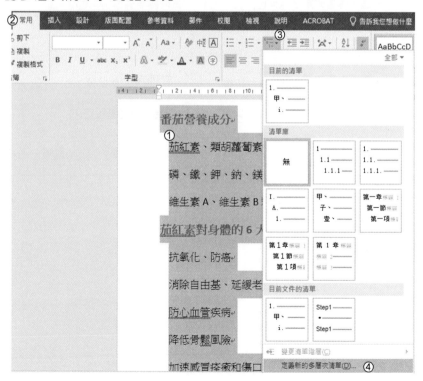

Step2 在【定義新的多層次清單】對話方塊，選擇「1」階層：

- 【這個階層的數字樣式】：選擇「1,2,3, …」。
- 【輸入數字的格式設定】：在「1」之後輸入「.」（半形句點）。

Step3 在【定義新的多層次清單】對話方塊，選擇「2」階層：

- 【這個階層的數字樣式】：選擇「a,b,c, ...」。
- 【在下列階層之後重列清單】：選擇「階層 1」。
- 【輸入數字的格式設定】：在「1.a」之後輸入「.」（半形句點）。
- 按下「確定」。

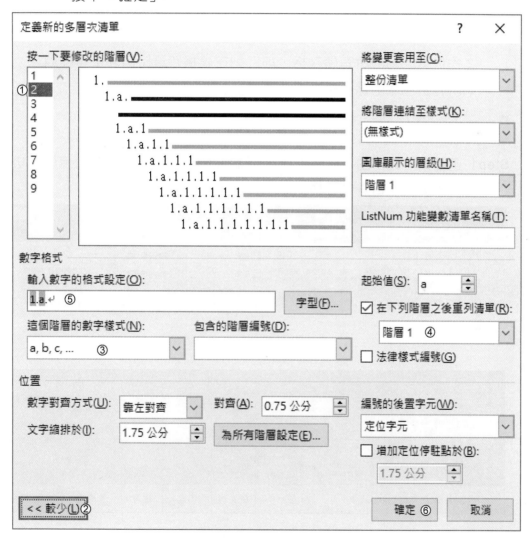

題組四 **題目 WP504** Documents

一、作答須知：

請至 C:\ANS.CSF\MO01 資料夾開啓題目所需之檔案進行編輯，作答完成後，請依原檔名儲存檔案。

二、設計項目：

1. 開啓 **WP504.docx** 檔案進行編輯。

2. 合併第一列的所有儲存格，前二列在表格跨頁時自動重複標題。

3. 所有白色底的儲存格，依「高度」的數字遞減排序。

解題步驟

Step1 選擇第一列，由【表格工具】/【版面配置】索引標籤的【合併】功能區，按下「合併儲存格」。

Step2 選取上方兩列，由【表格工具】/【版面配置】索引標籤的【資料】功
能區，按下「重複標題列」。

Step3 選取白色儲存格，由【表格工具】/【版面配置】索引標籤的【資料】
功能區，按下「排序」，在【排序】對話方塊，【第一階】：選擇「欄5」、
【類型】：選擇「數字」、並點選「遞減」，按下「確定」。

題組四 **題目 WP604**

一、作答須知：

　　請至 C:\ANS.CSF\MO01 資料夾開啟題目所需之檔案進行編輯，作答完成後，請依原檔名儲存檔案。

二、設計項目：

　　1.開啟 **WP604.docx** 檔案進行編輯。

　　2.將 SmartArt 圖形，改為「文字循環圖」版面配置，鎖定長寬比調整寬度為 23 公分，由「版面配置/位置」設定對齊頁面正中央。

解題步驟

Step1 選擇 SmartArt 物件，由【SmartArt 工具】/【設計】索引標籤的【版面配置】功能區，按下「文字循環圖」。

Step2 在由【SmartArt 工具】/【格式】索引標籤的【大小】功能區，選擇「大小」下拉選項中的「大小對話方塊啟動器」，開啟【版面配置】對話方塊。

Step3 在【版面配置】對話方塊的【大小】索引標籤，勾選「鎖定長寬比」，【寬度】：輸入「23 公分」。

Step4 在【版面配置】對話方塊的【位置】索引標籤：

- 【水平】的【對齊方式】：選擇「置中對齊」、【相對於】：選擇「頁」。
- 【垂直】的【對齊方式】：選擇「置中」、【相對於】：選擇「頁」。。
- 按下「確定」。

版面配置　　　　　　　　　　　　　　？　✕

① 位置　　文繞圖　　大小

水平
② ◉ 對齊方式(A)　　置中對齊 ③　　　相對於(R)　　頁 ④
　○ 書本配置(B)　　內部　　　　　　　的(F)　　　邊界
　○ 絕對位置(P)　　0.01 公分　　　　右方的(T)　　欄
　○ 相對位置(R)　　　　　　　　　　相對於(E)　　頁

垂直
⑤ ◉ 對齊方式(G)　　置中 ⑥　　　　相對於(E)　　頁 ⑦
　○ 絕對位置(S)　　0.12 公分　　　　之下(W)　　　段落
　○ 相對位置(I)　　　　　　　　　　相對於(O)　　頁

選項
☑ 物件隨文字一起移動(M)　　　☑ 允許重疊(V)
☐ 鎖定定位點(L)　　　　　　　☑ 表格儲存格中的版面配置(C)

⑧ 確定　　　取消

題組四 題目 WP704   Documents

一、作答須知：

請至 C:\ANS.CSF\MO01 資料夾開啟題目所需之檔案進行編輯，作答完成後，請依題目指示儲存檔案於同一資料夾下。

二、設計項目：

1. 開啟 **WP704.docx** 檔案進行編輯。

2. 啟動合併列印「信封」功能，以 **WP704.docx** 內容作為信封收件者的內容，以 **WP704.xlsx** 作為信封寄件者的資料庫。（使用 Size 10 的信封）

3. 信封的左上方第一段插入<學校名稱>合併欄位，第二段插入<郵遞區號>、<學校地址>合併欄位。

4. 合併前的主文件以 **WP704-1.docx** 檔名儲存；合併列印後的新文件，以 **WP704-2.docx** 檔名儲存。

解題步驟

Step1 由【郵件】索引標籤的【啟動合併列印】功能區，選擇「啟動合併列印」下拉選項中的「信封」，開啟【信封選項】對話方塊。

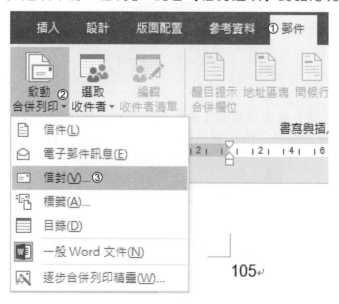

Step2 由【信封選項】對話方塊，直接按下「確定」，開啟【合併列印】提示
　　　 對話方塊時，直接按下「確定」。

信封選項　　　　　　　　　　　　　　　　? ✕

　信封選項(E)　列印選項(P)

　信封大小(S):
　Size 10　　　　　　(4 1/8 x 9 1/2 英吋)　∨

　收件者地址
　　字型(F)...　　　與左邊距離(L): 自動 ▲▼
　　　　　　　　　與頂端距離(T): 自動 ▲

合併列印　　　　　　　　　　　　　　　　　　　　　　　✕

⚠ 為了套用選取的信封選項，Word 必須刪除 WP704.docx 目前的內容。文件中的任何未儲存的變更都將遺失。

　　　　　　確定 ②　　取消

預覽

　　　　　　① 確定　　取消

Step3 由【郵件】索引標籤的【啟動合併列印】功能區，按下「選取收件者」
　　　 下拉選項中的「使用現有清單」，開啟【選取資料來源】對話方塊。

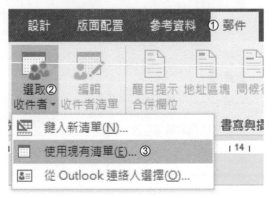

第三章　技能測驗－術科題庫及解題步驟　■ **3-85**

Step4 在【選取資料來源】對話方塊，選擇「WP704.xlsx」檔案，按下「開啟」，開啟【選取表格】對話方塊，按下「確定」。

Step5 由【郵件】索引標籤的【書寫與插入功能變數】功能區,按下「插入合併欄位」下拉選項,第一段插入「<<學校名稱>>」,第二列插入「<<郵遞區號>><<學校地址>>」的合併欄位。

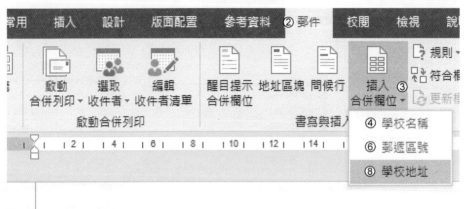

① 《學校名稱》

⑤ 《郵遞區號》⑦《學校地址》

Step6 由【郵件】索引標籤的【完成】功能區,選擇「完成與合併」下拉選項中的「編輯個別文件」,開啓【合併到新文件】對話方塊,按下「確定」。

Step7 分別將「WP704.docx」另存成「WP704-1.docx」，合併的「信件」另
存成「WP704-2.docx」。

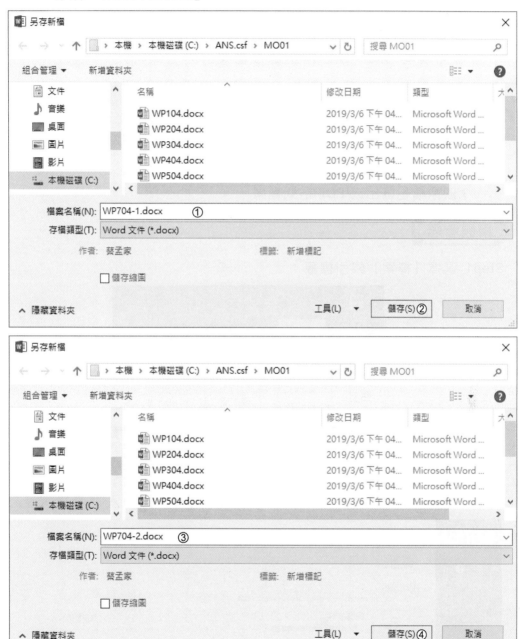

題組四 **題目 WP804** Documents

一、作答須知：

　　請至 C:\ANS.CSF\MO01 資料夾開啓題目所需之檔案進行編輯，作答完成後，請依題目指示儲存檔案於同一資料夾下。

二、設計項目：

　　1.開啓 **WP804.docx** 檔案進行編輯。

　　2.設定摘要資訊的「標題」輸入「《看見台灣》」，插入「切割線（淺）」封面頁。

　　3.依原檔名匯出成 PDF 格式檔案。

解題步驟

Step1 選擇【檔案】索引標籤。

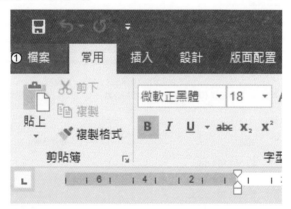

Step2 選擇【資訊】選項，在【摘要資訊】中的【標題】：輸入「《看見台灣》」。

Step3 由【插入】索引標籤的【頁面】功能區，選擇「封面頁」下拉選項中的「切割線（淺)」。

Step4 由【檔案】索引標籤，選擇「匯出」：點選「建立 PDF/XPS」，開啟【發佈成 PDF 或 XPS】對話方塊，使用「原檔名」儲存，按下「發佈」。

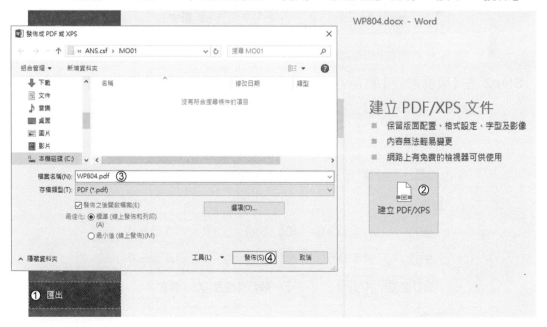

題組五　題目 WP105　　　　　　　　　　　　　Documents

一、作答須知：

　　請至 C:\ANS.CSF\MO01 資料夾開啟題目所需之檔案進行編輯，作答完成後，請依原檔名儲存檔案。

二、設計項目：

　　1.開啟 **WP105.docx** 檔案進行編輯。

　　2.頁面紙張大小設定為自訂大小寬度 18.2 公分、高度 12.8 公分，上、下、左、右邊界改為 1.5 公分，以 **Wpbal.jpg** 作為材質填滿頁面。

解題步驟

Step1　由【版面配置】索引標籤的【版面設定】功能區，按下「版面設定對話方塊啟動器」，開啟【版面設定】對話方塊。

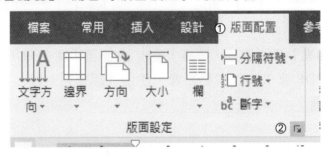

Step2　在【版面設定】對話方塊的【邊界】索引標籤，【上】、【下】、【左】、【右】皆輸入「1.5 公分」。

Step3 在【版面設定】對話方塊的【紙張】索引標籤，【紙張大小】：選擇【寬度】：「18.2 公分」、【高度】：「12.8 公分」，按下「確定」。

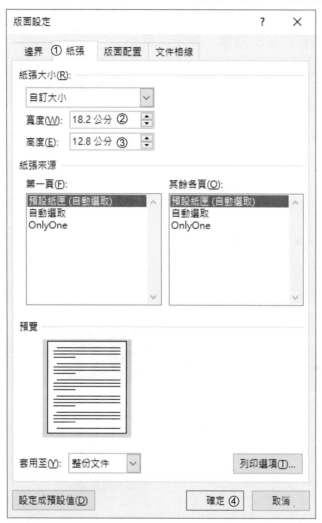

Step4 由【設計】索引標籤的【頁面背景】功能區，選擇「頁面色彩」下拉選項中的「填滿效果」，開啟【填滿效果】對話方塊。

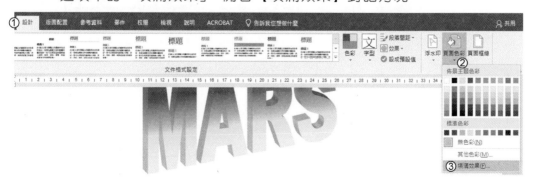

Step5 在【填滿效果】對話方塊的【材質】索引標籤，按下「其他材質」，在
【插入圖片】對話框中，選擇「從檔案」，開啓【選取材質】對話方塊，
選擇「Wpbal.jpg」圖檔，按下「插入」，回到【填滿效果】對話方塊
的【材質】索引標籤，按下「確定」。

題組五 **題目** WP205

一、作答須知：

　　請至 C:\ANS.CSF\MO01 資料夾開啟題目所需之檔案進行編輯，作答完成後，請依原檔名儲存檔案。

二、設計項目：

　　1.開啟 **WP205.docx** 檔案進行編輯。

　　2.第一段文字加上陰影效果：透明度 60%、大小 100%、模糊 6pt、角度 90°、距離 10pt。

　　3.將「亞洲第一人」文字填滿「淺藍」網底色彩。

解題步驟

Step1　選擇第一段落文字，由【常用】索引標籤的【字型】功能區，選擇「文字效果與印刷樣式」下拉選項中「陰影」的「陰影選項」，開啟【文字效果格式】窗格。

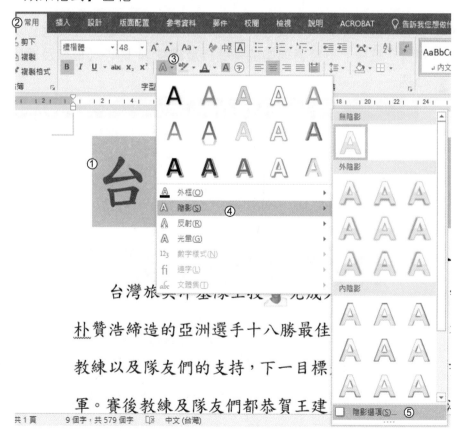

Step2 在【文字效果格式】窗格中的【文字效果】，設定【透明度】：輸入「60%」、
【大小】：輸入「100%」、【模糊】：輸入「6pt」、【角度】：輸入「90°」、
【距離】：輸入「10pt」。

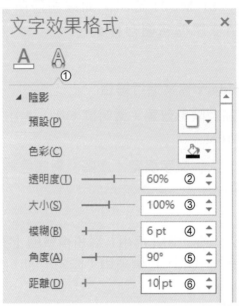

Step3 選擇「亞洲第一人」文字，由【常用】索引標籤的【段落】功能區，
選擇「框線」下拉選項中的「框線及網底」，開啟【框線及網底】對話
方塊。

Step4 在【框線及網底】對話方塊的【網底】索引標籤，【填滿】：選擇「淺藍」、【套用至】：選擇「文字」，按下「確定」。

題組五 **題目 WP305** Documents

一、作答須知：

請至 C:\ANS.CSF\MO01 資料夾開啟題目所需之檔案進行編輯，作答完成後，請依原檔名儲存檔案。

二、設計項目：

1.開啟 **WP305.docx** 檔案進行編輯。

2.所有藍色文字段落加上「➢」項目符號。

3.所有綠色文字顯示編號格式「I.」、編號樣式「I, II, III, ...」（分別從 I. 開始編號）。

解題步驟

Step1 選取藍色文字，由【常用】索引標籤的【段落】功能區，選擇「項目符號」下拉選項中的「➢」。

Step2 分別選取綠色文字，由【常用】索引標籤的【段落】功能區，選擇「編號」下拉選項中的「I.,II.,III.,」。

題組五 題目 WP405 Documents

一、作答須知：

　　請至 C:\ANS.CSF\MO01 資料夾開啟題目所需之檔案進行編輯，作答完成後，請依原檔名儲存檔案。

二、設計項目：

　　1.開啟 **WP405.docx** 檔案進行編輯。

　　2.選取第一段的格式，新增名為「DIY 樣式」的段落樣式。

　　3.所有紅色文字段落套用「DIY 樣式」段落樣式。

解題步驟

Step1 選擇第一段段落，由【常用】索引標籤的【樣式】功能區，選擇「其他」下拉選項中的「建立樣式」，開啟【從格式建立新樣式】對話方塊。

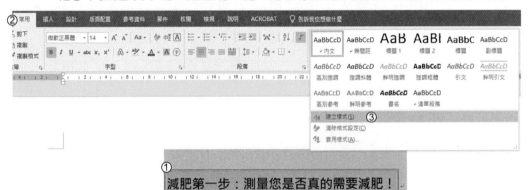

Step2 在【從格式建立新樣式】對話方塊，【名稱】：輸入「DIY 樣式」，按下「確定」。

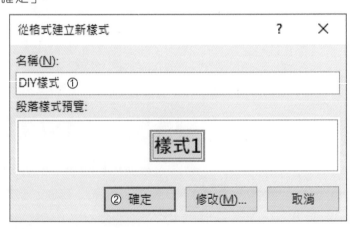

Step3　選擇任一紅色文字，由【常用】索引標籤的【編輯】功能區，選擇「選取」下拉選項中的「選取格式設定類似的所有文字（無資料）」，接著點選【樣式】功能區中的「DIY 樣式」。

題組五 題目 WP505

Documents

一、作答須知：

請至 C:\ANS.CSF\MO01 資料夾開啟題目所需之檔案進行編輯，作答完成後，請依原檔名儲存檔案。

二、設計項目：

1. 開啟 **WP505.docx** 檔案進行編輯。

2. 所有藍色文字，轉換成 6 欄 7 列的表格。

3. 所有儲存格內容，由表格工具的「版面配置/對齊方式」設定為「置中對齊」、標題列網底色彩為「淺綠」。

解題步驟

Step1 選取藍色文字，由【插入】索引標籤的【表格】功能區，選擇「表格」下拉選項中的「文字轉換為表格」，開啟【文字轉換為表格】對話方塊，按下「確定」。

Step2 選取表格，由【表格工具】/【版面配置】索引標籤的【對齊方式】功能區，點選「置中對齊」。

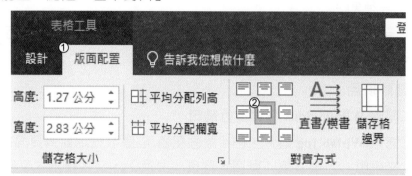

Step3 選擇第一列，由【表格工具】/【設計】索引標籤的【表格樣式】功能區，選擇「網底」下拉選項中的「淺綠」。

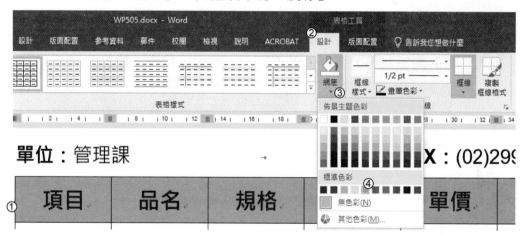

題組五　題目 WP605

一、作答須知：

　　請至 C:\ANS.CSF\MO01 資料夾開啟題目所需之檔案進行編輯，作答完成後，請依原檔名儲存檔案。

二、設計項目：

　　1.開啟 **WP605.docx** 檔案進行編輯。

　　2.插入 **Wpfsh.jpg** 圖片，由「版面配置/位置」設定對齊頁面的右下角，文繞圖：方形（或「緊密、穿透、上及下、文字在前、文字在後」文繞圖），移到最下層，設定替代文字的描述為 Wpfsh.jpg。

解題步驟

Step1 由【插入】索引標籤的【圖例】功能區，按下「圖片」，開啟【插入圖片】對話方塊，選擇「Wpfsh.jpg」圖檔，按下「插入」。

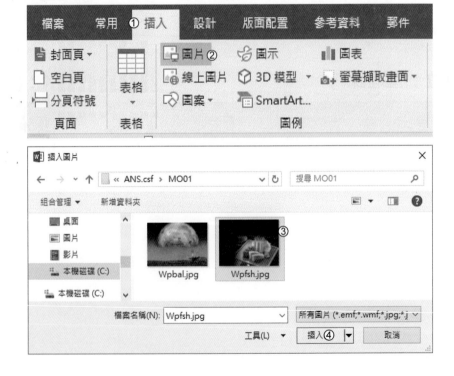

Step2 由【圖片工具】/【格式】索引標籤的【排列】功能區，選擇「文繞圖」
下拉選項中的「其他版面配置選項」，開啟【版面配置】對話方塊。

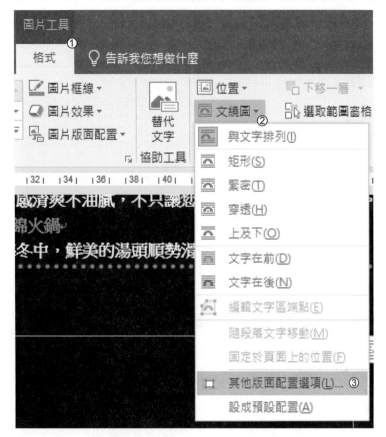

Step3 在【版面配置】對話方塊的【文繞圖】索引標籤，【文繞圖的方式】：
選擇「方形」。

Step4 在【版面配置】對話方塊的【位置】索引標籤：

- 【水平】的【對齊位置】：選擇「靠右對齊」、【相對於】：選擇「頁」。
- 【垂直】的【對齊位置】：選擇「靠下」、【相對於】：選擇「頁」。
- 按下「確定」。

版面配置　　　　　　　　　　　　　　　　　　？　✕

① 位置　　文繞圖　　大小

水平
② ⦿ 對齊方式(A)　　靠右對齊 ③　　▾　　相對於(R)　頁 ④　　▾
　○ 書本配置(B)　　內部　　▾　　的(F)　　　　邊界　▾
　○ 絕對位置(P)　　0 公分　▾　　右方的(T)　　欄　▾
　○ 相對位置(R)　　　　　　▾　　相對於(E)　　頁　▾

垂直
⑤ ⦿ 對齊方式(G)　　靠下 ⑥　　▾　　相對於(E)　頁 ⑦　　▾
　○ 絕對位置(S)　　0.14 公分　▾　　之下(W)　　段落　▾
　○ 相對位置(I)　　　　　　▾　　相對於(O)　　頁　▾

選項
☑ 物件隨文字一起移動(M)　　　☑ 允許重疊(V)
☐ 鎖定定位點(L)　　　　　　　☑ 表格儲存格中的版面配置(C)

確定 ⑧　　　取消

Step5 由【圖片工具】/【格式】索引標籤的【排列】功能區，選擇「下移一層」下拉選項中的「移到最下層」。

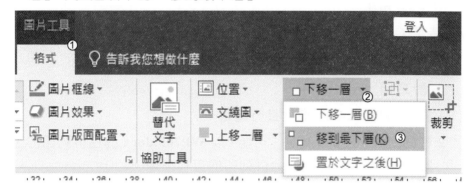

Step6 由【圖片工具】/【格式】索引標籤的【協助工具】功能區，按下「替代文字」，開啓「替代文字」窗格，在【(建議使用 1-2 個句子)】：輸入「Wpfsh.jpg」。

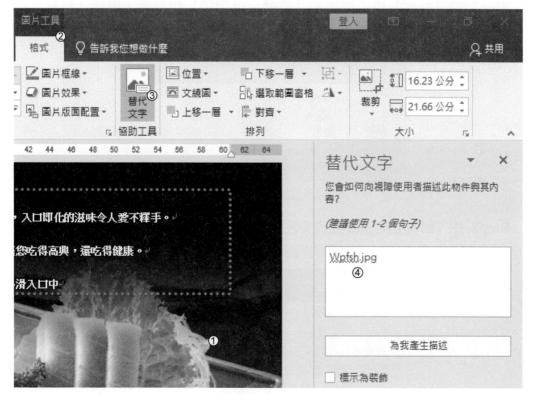

題組五	題目 WP705	Documents

一、作答須知：

　　請至 C:\ANS.CSF\MO01 資料夾開啟題目所需之檔案進行編輯，作答完成後，請依原檔名儲存檔案。

二、設計項目：

　　1.開啟 **WP705.docx** 檔案進行編輯。

　　2.啟動合併列印的「信件」功能，以 **WP705.docx** 為合併列印的主文件，載入 **WP705.xlsx** 作為合併列印的資料來源。

　　3.在「受文者：」之後插入<姓氏>、<名字>合併欄位。

解題步驟

Step1 由【郵件】索引標籤的【啟動合併列印】功能區，選擇「啟動合併列印」下拉選項中的「信件」。

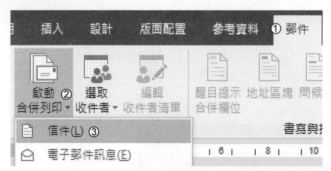

Step2 由【郵件】索引標籤的【啟動合併列印】功能區，選擇「選取收件者」下拉選項中的「使用現有清單」，開啟【選取資料來源】對話方塊。

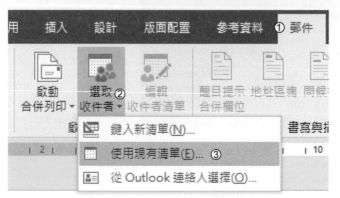

Step3 在【選取資料來源】對話方塊，選擇「WP705.xlsx」檔案，按下「開啓」，開啓【選取表格】對話方塊，按下「確定」。

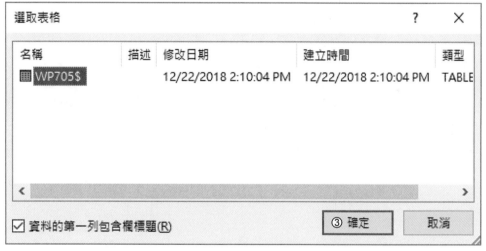

Step4　由【郵件】索引標籤的【書寫與插入功能變數】功能區，按下「插入
合併欄位」下拉選項，依序在「受文者：」之後插入「<<姓氏>><<
名字>>」的合併欄位。

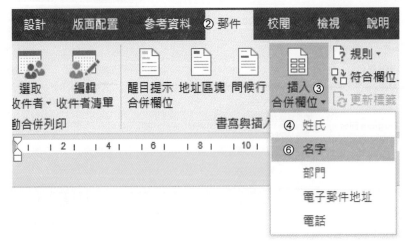

受文者：《姓氏》《名字》↵

題組五 題目 WP805 　　　　　　　　　　　Documents

一、作答須知：

請至 C:\ANS.CSF\MO01 資料夾開啟題目所需之檔案進行編輯，作答完成後，請依原檔名儲存檔案。

二、設計項目：

1.開啟 **WP805.docx** 檔案進行編輯。

2.英文句執行拼字檢查並校正錯誤的單字，並改為「小型大寫字」。

解題步驟

Step1 由【校閱】索引標籤的【校訂】功能區，按下「拼字及文法檢查」，開啟【拼字檢查】窗格。

Step2 在【拼字檢查】窗格，針對「The」及「Beauty」兩個字做「變更」。

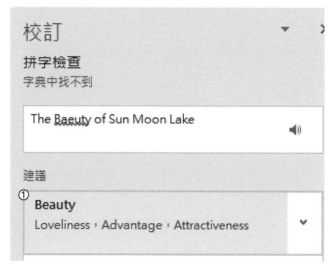

Step3 選取英文句，由【常用】索引標籤的【字型】功能區，按下「字型對話方塊啓動器」，在【字型】對話方塊的【字型】索引標籤，勾選「小型大寫字」後，按下「確定」。

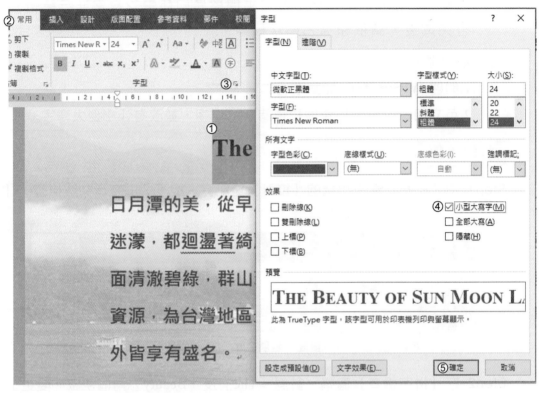

3-3 第二類：試算表應用 Spreadsheets

題組一 題目 EX101 Spreadsheets

一、作答須知：

請至 C:\ANS.CSF\MO02 資料夾開啟題目所需之檔案進行編輯，作答完成後，請依原檔名儲存檔案。

二、設計項目：

1. 開啟 **EX101.xlsx** 檔案進行編輯。

2. 設定「A~G」欄的欄寬為 15。

3. 將「C4~G9」儲存格格式設定-NT$1,234，小數位數為 0，負數顯示紅色。

解題步驟

Step1 選擇「A~G」欄，由【常用】索引標籤的【儲存格】功能區，選擇「格式」下拉選項中的「欄寬」，開啟【欄寬】對話方塊：輸入「15」，按下「確定」。

Step2 選擇「C4~G9」儲存格，由【常用】索引標籤的【數值】功能區，選擇「數值對話方塊啓動器」，開啓【設定儲存格格式】對話方塊：

- 類別：選擇「貨幣」

- 小數位數：選擇「0」

- 符號：選擇「NT$」

- 負數表示方式：選擇「-NT$1234」。

- 按下「確定」。

題組一　**題目 EX201**　　　　　　　　　　Spreadsheets

一、作答須知：

請至 C:\ANS.CSF\MO02 資料夾開啟題目所需之檔案進行編輯，作答完成後，請依原檔名儲存檔案。

二、設計項目：

1.開啟 **EX201.xlsx** 檔案進行編輯。

2.顯示「學員基本資料」工作表的「M」欄，隱藏「開課期別」工作表的「班別代號」欄。

3.將「學員基本資料」工作表中的「A2~A120」儲存格，依序填入「1~119」的數字。

解題步驟

Step1 選擇「L：N」欄，按滑鼠右鍵，選擇「取消隱藏」。

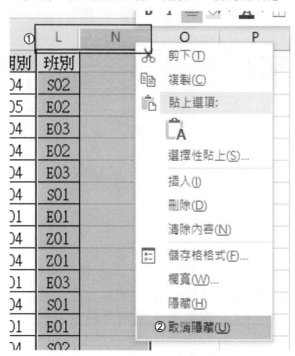

Step2 選擇「開課期別」工作表的「B」欄，按滑鼠右鍵，選擇「隱藏」。

	A	② B		C	
1	上課期別	班別代號	✂ 剪下(T)		
2	950701	C04	📋 複製(C)		
3	950701	E03	📋 貼上選項:		
4	950701	Z01	📋		
5	950701	S02	選擇性貼上(S)...		
6	950701	E01	插入(I)		
7	950701	E02	刪除(D)		
8	950702	S02	清除內容(N)		
9	950702	E02			
10	950702	Z02	⊞ 儲存格格式(F)...		
11	950703	C04	欄寬(W)...		
12	950703	S01	③ 隱藏(H)		
13	950703	E02	取消隱藏(U)		
14	950703	E03	95年7月17日 週一		
15	950704	E03	95年7月24日 週一		
16	950704	Z01	95年7月24日 週一		
17	950704	Z01	95年7月24日 週一		
18	950704	S01	95年7月24日 週一		

‹ › 學員基本資料 ① 開課期別 ⊕

Step3 在「學員基本資料」工作表的「A2」儲存格中輸入「1」，按下「✓」
輸入鈕，選擇「A2~A120」儲存格。

A2　▼　:　✕　② ✓　fx　1

	A	B	C	I
1	編號	姓名	生日	連絡電話
2	① 1	黃敏雀	1968/6/11	(02)2931-0818
3		張雅貞	1968/4/1	(02)2989-1603
4		林承賦	1975/1/26	(02)2225-1647
5	③	吳佩珊	1967/1/20	(02)2794-8336
6		方小華	1965/8/14	(02)2863-8219

Step4 由【常用】索引標籤的【編輯】功能區，選擇「填滿」下拉選項中的「數列」，開啟【數列】對話方塊，在【終止值】：輸入「119」，按下「確定」。

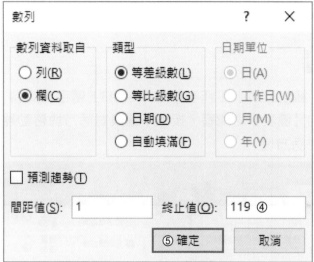

<table>
<tr><td>題組一</td><td>題目 EX301</td><td>Spreadsheets</td></tr>
</table>

一、作答須知：

請至 C:\ANS.CSF\MO02 資料夾開啓題目所需之檔案進行編輯，作答完成後，請依原檔名儲存檔案。

二、設計項目：

1.開啓 **EX301.xlsx** 檔案進行編輯。

2.使用「統計分析」工作表中「A1~B43」儲存格資料，製作「含資料標記的雷達圖」圖表、圖例項目(數列)為出現次數，並置於「A45~I72」儲存格內。

解題步驟

Step1 選擇「統計分析」工作表中「A1~B43」儲存格資料，由【插入】索引標籤的【圖表】功能區，按下「圖表對話方塊啓動器」，開啓【插入圖表】對話方塊。

Step2 在【插入圖表】對話方塊的【所有圖表】索引標籤中選擇「雷達圖」，
　　　圖表選擇「含資料標記的雷達圖」、再選擇「出現次數」雷達圖，按下
　　　「確定」。

Step3 將圖表調整至「A45~I72」儲存格內。

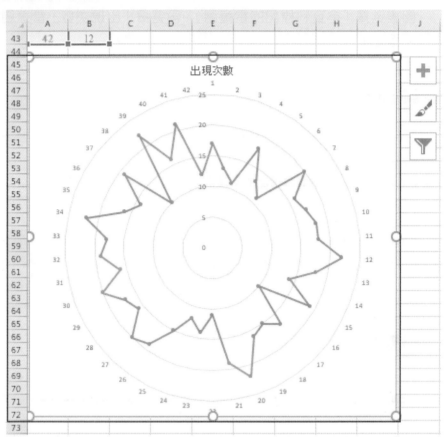

題組一　題目 EX401　　　　　　　　　Spreadsheets

一、作答須知：

　　請至 C:\ANS.CSF\MO02 資料夾開啓題目所需之檔案進行編輯，作答完成後，請依原檔名儲存檔案。

二、設計項目：

　　1.開啓 **EX401.xlsx** 檔案進行編輯。

　　2.使用公式以及相對參照設定，計算「折扣價」欄位（D2~D6）的金額。

　　3.使用公式以及絕對參照設定，計算「會員折扣價」欄位（F2~F6）的金額。

解題步驟

Step1 選擇「D2」儲存格，輸入「=B2*C2」公式後並按下「✓」（輸入鈕），並拖曳「填滿控點」至「D6」儲存格。

	A	B	C	D	E	F
1	產品	單價	折扣	折扣價		會員折扣價
2	CPU	12000	0.8	=B2*C2		
3	RAM	3240	0.9			
4	MB	5710	0.85			
5	HDD	1750	0.95			
6	DVD-ROM	900	0.95			
7						
8	會員折扣	0.75				

	A	B	C	D	E	F
1	產品	單價	折扣	折扣價		會員折扣價
2	CPU	12000	0.8	9600		
3	RAM	3240	0.9	2916		
4	MB	5710	0.85	4853.5		
5	HDD	1750	0.95	1662.5		
6	DVD-ROM	900	0.95	855		
7						
8	會員折扣	0.75				

Step2 選擇「F2」儲存格，輸入「=B2*B8」公式，游標置於「B8」中後按
下「F4」功能鍵並按下「✓」（輸入鈕），最後拖曳「填滿控點」至「F6」
儲存格。

	A	B	C	D	E	F
1	產品	單價	折扣	折扣價		會員折扣價
2	CPU	12000	0.8	9600		=B2*B8 ①
3	RAM	3240	0.9	2916		
4	MB	5710	0.85	4853.5		
5	HDD	1750	0.95	1662.5		
6	DVD-ROM	900	0.95	855		
7						
8	會員折扣	0.75				

B8　×　③✓　fx　=B2*B8 ②

	A	B	C	D	E	F
1	產品	單價	折扣	折扣價		會員折扣價
2	CPU	12000	0.8	9600		9000
3	RAM	3240	0.9	2916		2430
4	MB	5710	0.85	4853.5		4282.5
5	HDD	1750	0.95	1662.5		1312.5
6	DVD-ROM	900	0.95	855		675 ④
7						
8	會員折扣	0.75				

題組一　**題目 EX501**　　　　　　　　　　Spreadsheets

一、作答須知：

　　請至 C:\ANS.CSF\MO02 資料夾開啟題目所需之檔案進行編輯，作答完成後，請依原檔名儲存檔案。

二、設計項目：

　　1.開啟 **EX501.xlsx** 檔案進行編輯。

　　2.將「91 年」及「92 年」工作表中的「D」欄資料，依據空格進行資料剖析至 D~I 欄，原本存在於 E~G 欄的資料需變為 J~L 欄。

　　3.建立樞紐分析表於新的工作表，工作表名稱為「工作表 1」，資料來源為「91 年」工作表，列標籤為「期別」，值欄位為「銷售」，並進行「加總」運算。（提示：「E~I」欄位名稱同「D」欄）

解題步驟

Step1　同時選取「91 年」及「92 年」工作表，選擇「E：I」欄，由【常用】索引標籤的【儲存格】功能區，選擇「插入」下拉選項中的「插入工作表欄」。

Step2 將「D1」儲存格內容利用「填滿控點」功能,填入「E1:I1」中。

Step3 取消「工作表群組」之後,分別選擇「91年 D2:D100」及「92年 D2:D105」的範圍,由【資料】索引標籤的【資料工具】功能區,選擇「資料剖析」選項,在【資料剖析精靈】對話方塊中,直接按下「完成」。

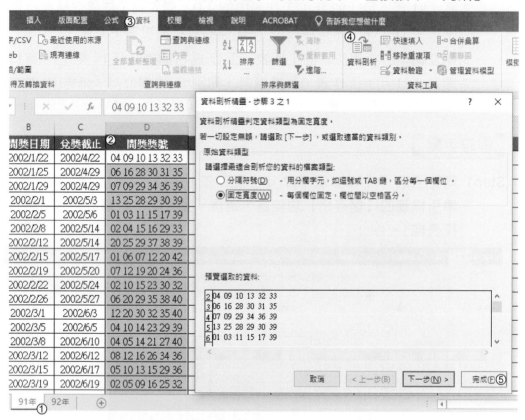

Step4 在【Microsoft Excel】對話方塊中,按下「確定」。

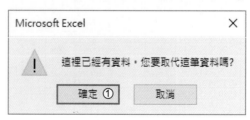

Step5 選擇「91 年」工作表「A1」儲存格，由【插入】索引標籤的【表格】
功能區，選擇「樞紐分析表」，開啓【建立樞紐分析表】對話方塊，直
接按下「確定」，工作表名稱為「工作表 1」。

Step6 在【樞紐分析表欄位】窗格中，將「期別」拖曳到【列】、將「銷售」拖曳到【Σ值】。

題組一　**題目 EX601**　　　　　　　　　Spreadsheets

一、作答須知：

　　請至 C:\ANS.CSF\MO02 資料夾開啟題目所需之檔案進行編輯，作答完成後，請依原檔名儲存檔案。

二、設計項目：

　　1.開啟 **EX601.xlsx** 檔案進行編輯。

　　2.將「A1~E94」儲存格設定為列印範圍，將「$1~$2」儲存格設定為列印標題列。

解題步驟

Step1　選擇「A1~E94」儲存格，由【版面配置】索引標籤的【版面設定】功能區，選擇「列印範圍」下拉選項中的「設定列印範圍」。

Step2 由【版面配置】索引標籤的【版面設定】功能區，選擇「列印標題」，
　　　 開啓【版面設定】對話方塊的【工作表】索引標籤，在【標題列】選
　　　 取工作表第 1~2 列，最後按下「確定」。

題組二　題目 EX102　　　　　　　　　　　Spreadsheets

一、作答須知：

請至 C:\ANS.CSF\MO02 資料夾開啟題目所需之檔案進行編輯，作答完成後，請依原檔名儲存檔案。

二、設計項目：

1.開啟 **EX102.xlsx** 檔案進行編輯。

2.將「E3~E62」儲存格，設定格式化的條件「綠 – 黃 – 紅色階」。

3.合併「B1~E1」儲存格。

解題步驟

Step1 選擇「E3~E62」儲存格，由【常用】索引標籤的【樣式】功能區，按下「設定格式化的條件」下拉選項，選擇【色階】的「綠 – 黃 – 紅色階」。

Step2 選擇「B1~E1」儲存格，由【常用】索引標籤的【對齊方式】功能區，按下「跨欄置中」。

題組二 題目 EX202 `Spreadsheets`

一、作答須知：

請至 C:\ANS.CSF\MO02 資料夾開啟題目所需之檔案進行編輯，作答完成後，請依原檔名儲存檔案。

二、設計項目：

1. 開啟 **EX202.xlsx** 檔案進行編輯。

2. 將 **EX202-1.xlsx** 中的工作表複製到 **EX202.xlsx** 中，移動到最後。

3. 將「學員基本資料」工作表的「C2~C120」儲存格，設定隱藏公式之後，設定保護工作表（採用預設值）。

解題步驟

Step1 同時開啟「EX202.xlsx」及「EX202-1.xlsx」檔案，由【檢視】索引標籤的【視窗】功能區，按下「並排顯示」，開啟【重排視窗】對話方塊，【排列方式】選擇「垂直並排」，按下「確定」。

Step2 對著「EX202-1.xlsx」的「開課班別」工作表標籤，按滑鼠右鍵，選擇「移動或複製」，在【移動或複製】對話方塊中，【活頁簿】：選擇「EX202.xlsx」、【選取工作表之前】：選擇「(移動到最後)」，按下「確定」。

Step3 切換到「學員基本資料」工作表，選擇「C2~C120」儲存格後按滑鼠右鍵，選取「儲存格格式」。

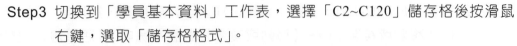

Step4　在【設定儲存格格式】對話方塊的【保護】索引標籤，勾選「隱藏」，
　　　　按下「確定」。

Step5　由【校閱】索引標籤的【變更】功能區，按下「保護工作表」，開啟【保
　　　　護工作表】對話方塊，按下「確定」。

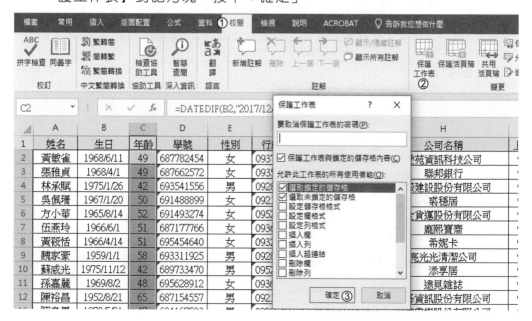

題組二 題目 EX302 　　　　　　　　　　Spreadsheets

一、作答須知：

請至 C:\ANS.CSF\MO02 資料夾開啟題目所需之檔案進行編輯，作答完成後，請依原檔名儲存檔案。

二、設計項目：

1. 開啟 **EX302.xlsx** 檔案進行編輯。

2. 插入 **Logo.png** 圖片，並調整至「A1~C1」儲存格位置，並設定圖片的替代文字名稱為 Logo.png。

3. 在「B41」儲存格，輸入文字「TQC 考題」，建立超連結、網址「https://www.tqc.org.tw/」。

解題步驟

Step1 由【插入】索引標籤的【圖例】功能區，按下「圖片」，在【插入圖片】對話方塊，選擇「Logo.png」圖片（圖檔位置在 C:\ANS.CSF\MO02 中），按「插入」。

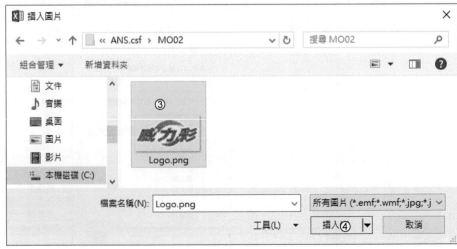

Step2 將圖檔調整到「A1~C1」儲存格中,由【圖片工具】的【格式】索引標籤,在【協助工具】功能區按下「替代文字」,在【替代文字】窗格中的【(建議使用 1-2 個句子)】:輸入「Logo.png」。

Step3 選擇「B41」儲存格,輸入「TQC 考題」後再選取「B41」儲存格,由【插入】索引標籤的【連結】功能區,按下「連結」,開啟【插入超連結】對話方塊,在【網址】:輸入「https://www.tqc.org.tw/」後,按下「確定」。

題組二 題目 EX402 Spreadsheets

一、作答須知：

　　請至 C:\ANS.CSF\MO02 資料夾開啟題目所需之檔案進行編輯，作答完成後，請依原檔名儲存檔案。

二、設計項目：

　　1.開啟 **EX402.xlsx** 檔案進行編輯。

　　2.將「升等」工作表中的「A1~B5」儲存格命名為「升等」。

　　3.在「人事考評資料」工作表中「升等」欄位（E3~E40），依據「編號」欄位使用「VLOOKUP」函數，傳回「升等」範圍名稱內相對應的「升等」資料。

解題步驟

Step1 選擇「升等」工作表中的「A1~B5」儲存格，在【名稱方塊】中直接輸入「升等」。

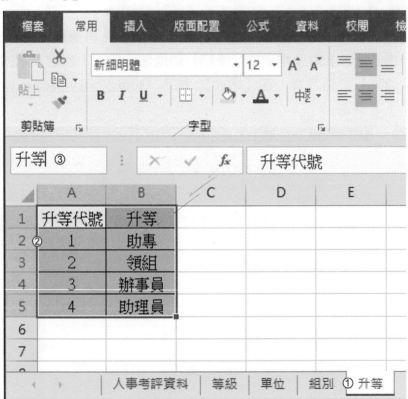

Step2　選擇「人事考評資料」工作表中「E3」儲存格，建立函數「=VLOOKUP(A3, 升等,2,0)」的內容，最後利用「填滿控點」填滿至「E40」儲存格。

| 檔案 | 常用 | 插入 | 版面配置 | 公式 | 資料 | 校閱 | 檢視 | 說明 | ACR |

| fx 插入函數 | Σ 自動加總 | ★ 最近用過的函數 | 財務 | ? 邏輯 | A 文字 | 日期和時間 | 查閱與參照 | θ 數學與三角函數 | … 其他函數 | 名稱管理 |

函數庫

E3　　　　fx　=VLOOKUP(A3,升等,2,0) ③

	A	B	C	D	E	F
1	編號	單位	姓名	組別	升等	考核
2						91年	9
3	1	總行審查部	黃世豪	一般銀行業務組	② 助專	甲
4	1	北台南分行	曾漢偉	一般銀行業務組	助專	甲
5	4	南崁分行	林鎧顗	一般銀行業務組	助理員	甲
6	1	總行會計室	陳柔君	一般銀行業務組	助專	甲
7	3	總行國外部	洪嘉勵	外匯業務組	辦事員	甲
8	1	總行資訊室	黃珊倚	資訊業務組	助專	甲
9	1	消費金融部	黃佳惠	綜合業務組(信用卡)	助專	甲
10	2	總行業務部	陳君美	一般銀行業務組	領組	甲
11	1	總行稽核室	蔡忠漢	一般銀行業務組	助專	甲
12	1	台中分行	何其霖	外匯業務組	助專	甲
13	1	總行儲蓄部	郭毓軒	一般銀行業務組	助專	甲
14	1	長春分行	陳建文	一般銀行業務組	助專	甲
15	1	豐原分行	陳瑤鳳	外匯業務組	助專	甲
16	1	總行營業部	蔡芸屏	一般銀行業務組	助專	甲
17	3	新莊分行	劉姍靈	綜合業務組(信用卡)	辦事員	甲
18	1	總行資訊室	程韻容	資訊業務組	助專	甲

| ① 人事考評資料 | 等級 | 單位 | 組別 | 升等 | ⊕ |

題組二　題目 EX502　　　　　　　　　　Spreadsheets

一、作答須知：

請至 C:\ANS.CSF\MO02 資料夾開啓題目所需之檔案進行編輯，作答完成後，請依原檔名儲存檔案。

二、設計項目：

1. 開啓 **EX502.xlsx** 檔案進行編輯。

2. 將「明細表」工作表的「A1~K1」儲存格命名為「文具分類」。

3. 將「明細表」工作表的「A1~K18」儲存格，依照每個欄位的頂端列作為各欄範圍名稱。

4. 在「產品分類」工作表的「文具分類」欄位（A2~A10），建立下拉式選單，來源為「文具分類」。

5. 在「產品分類」工作表的「子項目」欄位（B2~B10），建立下拉式選單，來源則依照左側 A 欄儲存格內容來決定欲顯示的範圍內容。（提示：使用 INDIRECT 函數）

解題步驟

Step1 選擇「明細表」工作表的「A1~K1」儲存格，在【名稱方塊】中直接輸入「文具分類」。

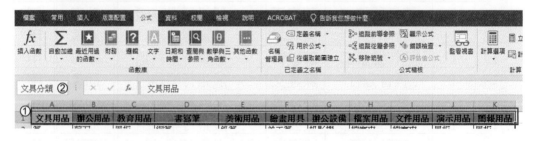

Step2 選擇「明細表」工作表的「A1~K18」儲存格，由【公式】索引標籤的【已定義之名稱】功能區，按下「從選取範圍建立」，開啓【以選取範圍建立名稱】對話方塊，在【以下列選取範圍中的值建立名稱】勾選「頂端列」、取消「最左欄」，按下「確定」。

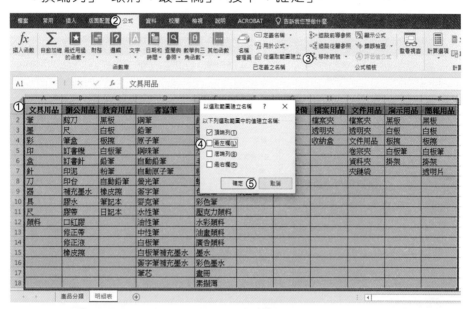

Step3 選擇「產品分類」工作表的「A2:A10」儲存格，由【資料】索引標籤的【資料工具】功能區，按下「資料驗證」，在【資料驗證】對話方塊的【設定】索引標籤，【儲存格內允許】：選擇「清單」、【來源】：輸入「=文具分類」，按下「確定」。

Step4 選擇「產品分類」工作表的「B2:B10」儲存格,由【資料】索引標籤
的【資料工具】功能區,按下「資料驗證」,在【資料驗證】對話方塊
的【設定】索引標籤,【儲存格內允許】:選擇「清單」、【來源】:輸入
「=indirect(A2)」,按下「確定」。(遇到【Microsoft Excel】對話方塊
「來源 目前評估為錯誤。您要繼續嗎?」,直接按下「是」)

| 題組二 | 題目 EX602 | Spreadsheets |

一、作答須知：

　　請至 C:\ANS.CSF\MO02 資料夾開啓題目所需之檔案進行編輯，作答完成後，請依原檔名儲存檔案。

二、設計項目：

　　1. 開啓 **EX602.xlsx** 檔案進行編輯。

　　2. 將「逾期放款」工作表中「A1~G29」儲存格為設定列印範圍。

　　3. 設定頁面方向為橫向，頁面邊界左右為 1、上下為 0.5、頁首為 0.5，表格置於版面正中央。

　　4. 頁首左方內容插入日期；中央內容插入工作表名稱；右方內容插入頁碼。

解題步驟

Step1　選擇「逾期放款」工作表中「A1~G29」儲存格，由【版面配置】索引標籤的【版面設定】功能區，選擇「列印範圍」下拉選項中的「設定列印範圍」，並按下「版面設定對話方塊啓動器」，開啓【版面設定】對話方塊。

Step2 由【版面設定】對話方塊的【邊界】索引標籤：

- 【左】、【右】：皆輸入「1」。
- 【上】、【下】：皆輸入「0.5」。
- 【頁首】：輸入「0.5」。
- 【置中方式】：勾選「水平置中」、「垂直置中」。

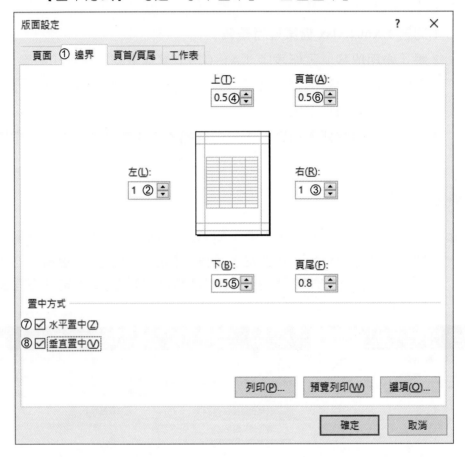

Step3 由【版面設定】對話方塊的【頁首/頁尾】索引標籤，按下「自訂頁首」，
開啓【頁首】對話方塊：

- 【左】：插入「&[日期]」、【中】：插入「&[索引標籤]」、【右】：插入
「&[頁碼]」，按下「確定」。

- 回到【版面設定】對話方塊的【頁首/頁尾】索引標籤，按下「確定」。

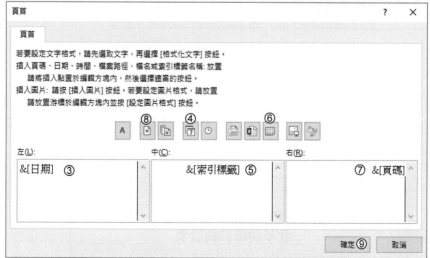

| 題組三 | 題目 EX103 | Spreadsheets |

一、作答須知：

　　請至 C:\ANS.CSF\MO02 資料夾開啓題目所需之檔案進行編輯，作答完成後，請依原檔名儲存檔案。

二、設計項目：

　　1.開啓 **EX103.xlsx** 檔案進行編輯。

　　2.合併「A1~F1」儲存格，並將標題的「登革熱確診統計表」強迫斷行。

　　3.設定「A~F」欄之欄寬設定為 12，藍色數值使用千分位符號、無小數位數。

解題步驟

Step1　選取「A1:F1」儲存格，由【常用】索引標籤的【對齊方式】功能區，按下「跨欄置中」。

Step2　在【資料編輯列】中，游標置於「登」革熱文字之前，按下「Alt + Enter」組合鍵，最後按下「✓」輸入鈕。

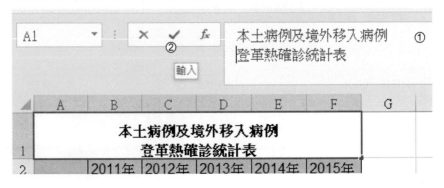

Step3 選取「A:F」欄，由【常用】索引標籤的【儲存格】功能區，選擇「格式」下拉選項中的「欄寬」，開啟【欄寬】對話方塊：輸入「12」，按下「確定」。

Step4 選取「B3:F9」，由【常用】索引標籤的【數值】功能區，選取「，」千分位樣式選項，並按下「$\overset{.00}{\to 0.}$」減少小數位數兩次。

	2011年	2012年	2013年	2014年	2015年
台北區	89	92	83	126	239
北　區	31	43	61	45	118
中　區	33	40	33	59	127
南　區	118	761	29	200	21,509
高屏區	1,429	238	251	15,304	6,446
東　區	-	3	2	20	24
合　計	1,700	1,177	459	15,754	28,463

本土病例及境外移入病例
登革熱確診統計表

題組三 **題目 EX203** Spreadsheets

一、作答須知：

　　請至 C:\ANS.CSF\MO02 資料夾開啓題目所需之檔案進行編輯，作答完成後，請依原檔名儲存檔案。

二、設計項目：

　　1.開啓 **EX203.xlsx** 檔案進行編輯。

　　2.薪資欄位資料（C3~C10）使用自訂數字格式來隱藏，無論是數值或文字均須隱藏，使得儲存格內容顯示為隱藏狀態，並使用保護功能隱藏薪資欄位資料（C3~C10）。

　　3.設定保護工作表，不設密碼。

解題步驟

Step1 選擇「C3:C10」儲存格，按滑鼠右鍵，按下「儲存格格式」，開啓【設定儲存格格式】對話方塊。

Step2 在【設定儲存格格式】對話方塊的【數值】索引標籤,【類別】:選擇
「自訂」、【類型】:輸入「;;;」。

Step3 在【設定儲存格格式】對話方塊的【保護】索引標籤,勾選「隱藏」,
按下「確定」。

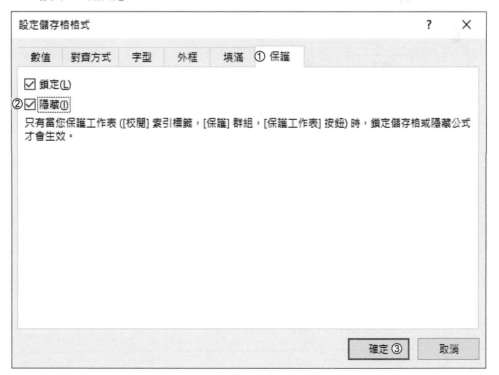

Step4 由【校閱】索引標籤的【變更】功能區，按下「保護工作表」，開啟【保護工作表】對話方塊，直接按下「確定」。

| 題組三 | 題目 EX303 | Spreadsheets |

一、作答須知：

請至 C:\ANS.CSF\MO02 資料夾開啟題目所需之檔案進行編輯，作答完成後，請依原檔名儲存檔案。

二、設計項目：

1. 開啟 **EX303.xlsx** 檔案進行編輯。

2. 使用「飯店」工作表的「B2~C18」儲存格，製作「立體群組橫條圖」圖表、圖例項目(數列)為每晚最低價格，並置於「B20~D33」儲存格內。

3. 設定在「日月潭」工作表按 找飯店 即可連結至「飯店」工作表。

解題步驟

Step1　選取「飯店」工作表的「B2~C18」儲存格，由【插入】索引標籤的【圖表】功能區，選擇「插入直條圖或橫條圖」下拉選項中的「立體群組橫條圖」。

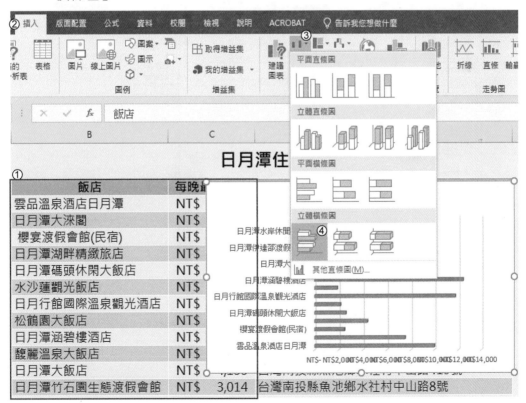

Step2 並調整「立體群組橫條圖」大小至「B20~D33」儲存格中。

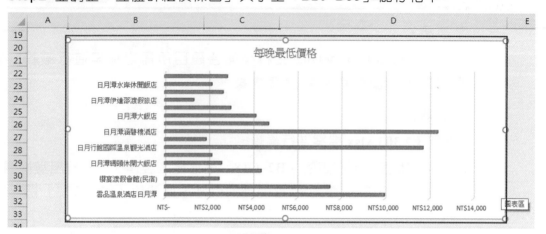

Step3 選擇「日月潭」工作表的 找飯店 圖形，由【插入】索引標籤的【連結】功能區，按下「連結」，開啟【插入超連結】對話方塊，在【連結至】：選擇「這份文件中的位置」、【或是選取文件中的一個位置】：選擇「飯店」，按下「確定」。

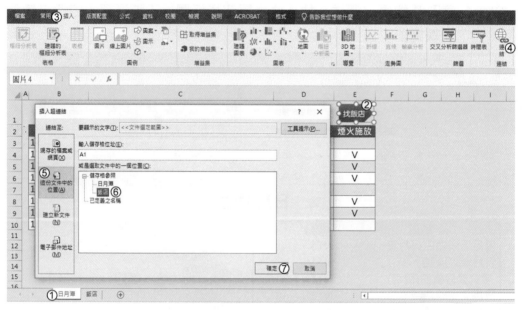

題組三　題目 EX403　　　　　　　　　　　Spreadsheets

一、作答須知：

　　請至 C:\ANS.CSF\MO02 資料夾開啟題目所需之檔案進行編輯，作答完成後，請依原檔名儲存檔案。

二、設計項目：

　　1.開啟 **EX403.xlsx** 檔案進行編輯。

　　2.將「L3、M3、N3」儲存格依序命名為「低血糖」、「正常範圍」、「高血糖」。

　　3.「狀態」欄位（N7~N12）：利用 IF 函數與範圍名稱設定「等級」若小於等於「低血糖」則顯示「低」；若介於「低血糖」與「高血糖」之間則顯示「標準」；若大於等於「高血糖」則顯示「高」。

解題步驟

Step1　分別選取「L3」、「M3」、「N3」三個儲存格，在【名稱方塊】中分別輸入「低血糖」、「正常範圍」、「高血糖」文字。

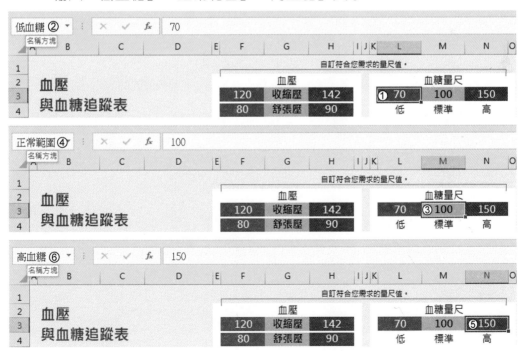

Step2 選擇「N7」儲存格，在「資料編輯列」中輸入「=IF(M7<=低血糖,"低 ",IF(AND(M7>低血糖,M7<高血糖),"標準","高"))」公式，並利用「填 滿控點」填滿至「N12」儲存格。

N7		fx	=IF(M7<=低血糖,"低",IF(AND(M7>低血糖,M7<高血糖),"標準","高")) ②										
	A	B	C	D	E	F	G	H	I J K	L	M	N	O
1								自訂符合您需求的量尺值。					
2	血壓						血壓				血糖量尺		
3	與血糖追蹤表					120	收縮壓	142		70	100	150	
4						80	舒張壓	90		低	標準	高	
5						目標血壓		危險值					
6	日期	時間		事件		收縮壓	舒張壓	心跳		血糖	等級	狀態	
7	2012/10/17	6:00		起床		129	79	72		55	55	① 低	
8	2012/10/17	7:00		餐前		120	80	74		70	70	低	
9	2012/10/17	9:00		餐後		133	80	75		75	75	標準	
10	2012/10/17	10:00		純粹測量血壓		143	91	75		190	190	高	
11	2012/10/17	12:00		餐前		141	84	70		150	150	高	
12	2012/10/17	15:00		餐後		132	80	68		90	90	標準	③
13	平均值					133	82	72		105			

題組三 題目 EX503 Spreadsheets

一、作答須知：

請至 C:\ANS.CSF\MO02 資料夾開啓題目所需之檔案進行編輯，作答完成後，請依原檔名儲存檔案。

二、設計項目：

1.開啓 **EX503.xlsx** 檔案進行編輯。

2.使用「成績資料」工作表的「A1~I31」儲存格，建立樞紐分析表於新的工作表，工作表名稱為「各組成績分析表」：

【列標籤】依序為「組別」、「姓名」。

【值欄位】依序為「作業」、「期中考」、「期末考」，摘要值欄位方式設定為「平均值」。

3.將「各組成績分析表」工作表的「A~D」欄水平置中對齊。

解題步驟

Step1 選取「A1:I31」儲存格，由【插入】索引標籤的【表格】功能區，按下「樞紐分析表」，開啓【建立樞紐分析表】對話方塊，按下「確定」。

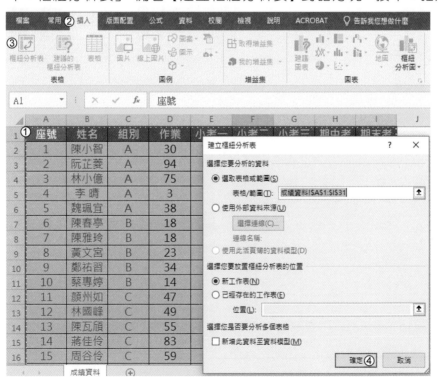

Step2 修改工作表名稱為「各組成績分析表」。

Step3 在【樞紐分析表欄位】窗格中：

- 【列】：「組別」、「姓名」。
- 【Σ值】：「作業」、「期中考」、「期末考」。

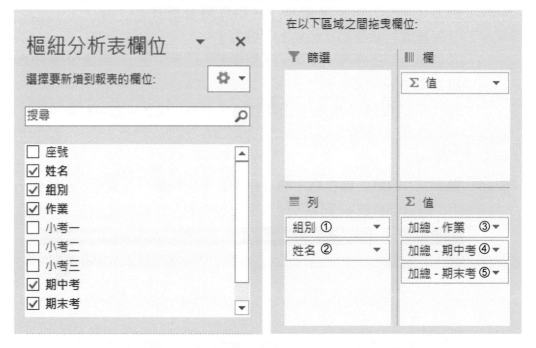

Step4 分別選擇「加總-作業」、「加總-期中考」、「加總-期末考」旁的下拉選項，選擇「值欄位設定」，開啟【值欄位設定】對話方塊的【摘要值方式】索引標籤，將【來自所選欄位的資料】：選擇「平均值」並按下「確定」。

Step5 選取「各組成績分析表」工作表的「A:D」欄，由【常用】索引標籤的【對齊方式】功能區，按下「置中」。

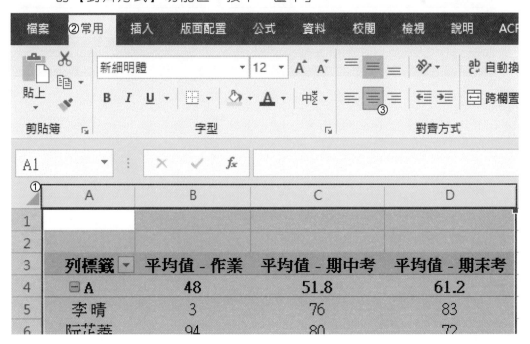

題組三　題目 EX603　　　　　　　　　　　Spreadsheets

一、作答須知：

　　請至 C:\ANS.CSF\MO02 資料夾開啟題目所需之檔案進行編輯，作答完成後，請依原檔名儲存檔案。

二、設計項目：

　　1.開啟 **EX603.xlsx** 檔案進行編輯。

　　2.將「B1~O28」儲存格設定為列印範圍。

　　3.列印的頁面紙張設定 A4、橫向、頁面上下左右邊界皆為 2。

解題步驟

Step1 選擇「B1~O28」儲存格，由【版面配置】索引標籤的【版面設定】功能區，選擇「列印範圍」下拉選項的「設定列印範圍」，並按下「版面設定對話方塊啟動器」，開啟【版面設定】對話方塊。

Step2 在【版面設定】對話方塊的【頁面】索引標籤，【方向】：點選「橫向」、【紙張大小】：選擇「A4」。

Step3 在【版面設定】對話方塊的【邊界】索引標籤，【上】、【下】、【左】、【右】：皆輸入「2」，按下「確定」。

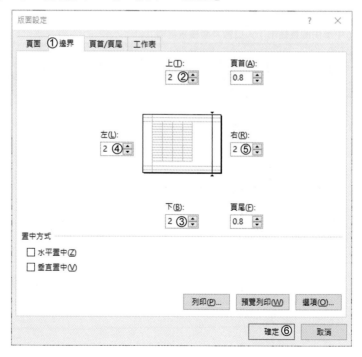

題組四 **題目 EX104** Spreadsheets

一、作答須知：

請至 C:\ANS.CSF\MO02 資料夾開啟題目所需之檔案進行編輯，作答完成後，請依原檔名儲存檔案。

二、設計項目：

1. 開啟 **EX104.xlsx** 檔案進行編輯。

2. 將「A2~G5」儲存格的欄與列資料對調。

3. 移除儲存格內的超連結，將「A1~D8」儲存格資料水平置中，加上內外單線框線（框線樣式左欄最下方線條樣式）。

解題步驟

Step1 選取「A2:G5」儲存格，由【常用】索引標籤的【剪貼簿】功能區，按下「複製」。

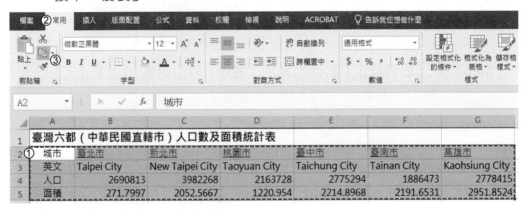

Step2 選擇「A6」儲存格，由【常用】索引標籤的【剪貼簿】功能區，選擇「貼上」下拉選項中的「轉置」。

Step3 選擇「2:5」列，由【常用】索引標籤的【儲存格】功能區，選擇「刪除」下拉選項中的「刪除工作表列」。

Step4 選擇「A3:A8」儲存格，由【常用】索引標籤的【編輯】功能區，選擇「清除」下拉選項中的「移除超連結」。

Step5 選擇「A1:D8」儲存格，由【常用】索引標籤的【字型】功能區，選擇「框線」下拉選項中的「所有框線」，【對齊方式】功能區，按下「置中」。

題組四 題目 EX204 `Spreadsheets`

一、作答須知：

請至 C:\ANS.CSF\MO02 資料夾開啓題目所需之檔案進行編輯，作答完成後，請依原檔名儲存檔案。

二、設計項目：

1.開啓 **EX204.xlsx** 檔案進行編輯。

2.在「A3~A25」儲存格內填入 2018 年 1 月份星期一到星期五的日期，格式顯示為「民國 107 年 01 月 01 日 星期一」。（提示：格式碼為「[$-zh-TW]gge"年"mm"月"dd"日" aaaa;@」）

3.工作表名稱重新命名為「107-1」。

解題步驟

Step1 選擇「A3:A25」儲存格，由【常用】索引標籤的【編輯】功能區，選擇「填滿」下拉選項中的「數列」，開啓【數列】對話方塊。

Step2 在【數列】對話方塊中，將【日期單位】：點選「工作日」，再按下「確定」。

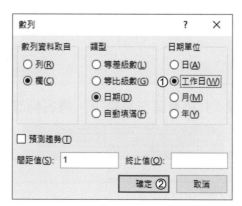

Step3 由【常用】索引標籤的【數值】功能區，按下「數值對話方塊啟動器」，在【設定儲存格格式】對話方塊的【數值】索引標籤，【類別】：選擇「自訂」、【類型】：輸入「[$-zh-TW]gge"年"mm"月"dd"日" aaaa;@」，按下「確定」。

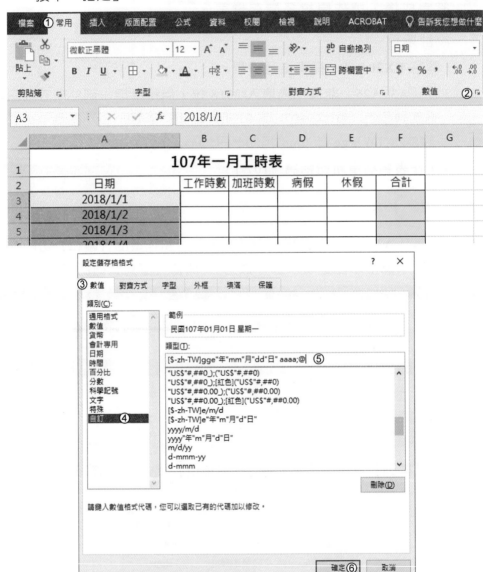

Step4 對著「工作表 1」按滑鼠左鍵兩下，將名稱改成「107-1」。

題組四 題目 EX304 Spreadsheets

一、作答須知：

請至 C:\ANS.CSF\MO02 資料夾開啟題目所需之檔案進行編輯，作答完成後，請依原檔名儲存檔案。

二、設計項目：

1.開啟 **EX304.xlsx** 檔案進行編輯。

2.使用「F6~G12」儲存格，製作「含有資料標記的折線圖」圖表，圖表標題改為「血壓追蹤圖」、圖例項目(數列)為收縮壓、舒張壓。

3.在「L13」儲存格插入註解，註解文字方塊內輸入「血糖藥早餐前服用」。

解題步驟

Step1 選擇「F6:G12」儲存格，由【插入】索引標籤的【圖表】功能區，選擇「插入折線圖或區域圖」下拉選項中的「含有資料標記的折線圖」。

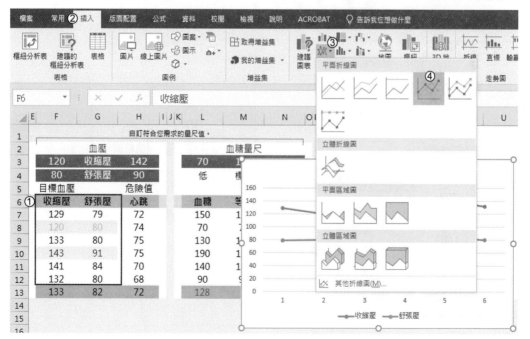

Step2 將「圖表標題」改成「血壓追蹤圖」（圖例項目(數列)為收縮壓、舒張壓自動產生在下方，所以不需要設定）。

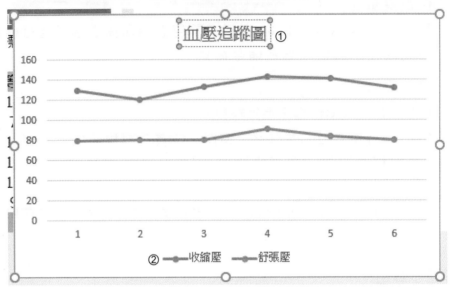

Step3 選擇「L13」儲存格，按下「滑鼠右鍵」，選擇「插入註解」，在註解中輸入「血糖藥早餐前服用」字串。

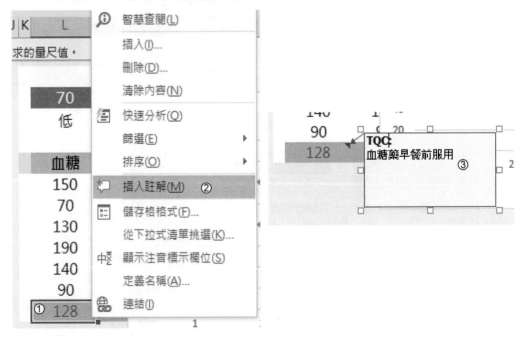

| 題組四 | 題目 EX404 | Spreadsheets |

一、作答須知：

請至 C:\ANS.CSF\MO02 資料夾開啟題目所需之檔案進行編輯，作答完成後，請依原檔名儲存檔案。

二、設計項目：

1.開啟 **EX404.xlsx** 檔案進行編輯。

2.設定「體格指數[BMI]」=體重(kg)/(身高(m)*身高(m))；
   設定「理想體重」= 22*身高(m)*身高(m)。

3.設定女性「體脂肪率」=(BMI*1.2)+(年齡*0.23)-5.4；
   設定男性「體脂肪率」=(BMI*1.2)+(年齡*0.23)-5.4-10.8。

解題步驟

Step1 分別在「H6」儲存格輸入「=D8/(D7*D7)」、「H10」儲存格輸入「=D12/(D11*D11)」。

	F	G	H
1	體脂肪率		
2	標準		
3		30-69歲：20-27%	
4		30-69歲：17-23%	
5			
6		體格指數[BMI]	① =D8/(D7*D7)
7	→	理想體重	
8		體脂肪率	
9			
10		體格指數[BMI]	② =D12/(D11*D11)
11	→	理想體重	
12		體脂肪率	

Step2 分別在「H7」儲存格輸入「=22*D7*D7」、「H11」儲存格輸入「=22*D11*D11」。

	F	G	H
1	體脂肪率		
2	標準		
3		30-69歲： 20-27%	
4		30-69歲： 17-23%	
5			
6		體格指數[BMI]	=D8/(D7*D7)
7	➡	理想體重	① =22*D7*D7
8		體脂肪率	
9			
10		體格指數[BMI]	=D12/(D11*D11)
11	➡	理想體重	② =22*D11*D11
12		體脂肪率	

Step3 分別在「H8」儲存格輸入「=(H6*1.2)+(D6*0.23)-5.4」、「H12」儲存格輸入「=(H10*1.2)+(D10*0.23)-5.4-10.8」。

	F	G	H
1	重與體脂肪率		
2	參考標準		
3		30-69歲： 20-27%	
4		30-69歲： 17-23%	
5			
6		體格指數[BMI]	=D8/(D7*D7)
7	➡	理想體重	=22*D7*D7
8		體脂肪率	① =(H6*1.2)+(D6*0.23)-5.4
9			
10		體格指數[BMI]	=D12/(D11*D11)
11	➡	理想體重	=22*D11*D11
12		體脂肪率	② =(H10*1.2)+(D10*0.23)-5.4-10.8

| 題組四 | 題目 EX504 | Spreadsheets |

一、作答須知：

請至 C:\ANS.CSF\MO02 資料夾開啟題目所需之檔案進行編輯，作答完成後，請依原檔名儲存檔案。

二、設計項目：

1. 開啟 **EX504.xlsx** 檔案進行編輯。

2. 依日期遞增排序。

3. 設定小計，依據「月份」欄位，計算「合計」之總和，資料不需分頁，需將摘要置於小計資料下方。

解題步驟

Step1 選擇「A1」儲存格，由【資料】索引標籤的【排列與篩選】功能區，按下「排序」，開啟【排序】對話方塊。

Step2 在【排序】對話方塊中，【排序方式】：選擇「日期」，按下「確定」。

Step3 由【資料】索引標籤的【大綱】功能區，按下「小計」。

Step4 在【小計】對話方塊中，【分組小計欄位】：選擇「月份」，按下「確定」。

小計 ? ✕

分組小計欄位(A):

月份 ①

使用函數(U):

加總

新增小計位置(D):

☐ 日期
☐ 北區
☐ 中區
☐ 南區
☐ 東區
☑ 合計

☑ 取代目前小計(C)
☐ 每組資料分頁(P)
☑ 摘要置於小計資料下方(S)

全部移除(R)　　② 確定　　取消

題組四 題目 EX604 Spreadsheets

一、作答須知：

請至 C:\ANS.CSF\MO02 資料夾開啟題目所需之檔案進行編輯，作答完成後，請依原檔名儲存檔案。

二、設計項目：

1. 開啟 **EX604.xlsx** 檔案進行編輯。

2. 將「個人資料」工作表的「A46~G101」儲存格加入列印範圍中。

3. 設定頁首左方內容輸入「血型分析」，字型設定為微軟正黑體、粗體、大小 14pt。

4. 設定頁尾中央內容輸入「第 X 頁，共 Y 頁」，其中「X」為頁碼，「Y」為頁數。（逗號為全形）

解題步驟

Step1 選擇「個人資料」工作表的「A46:G101」儲存格，由【版面配置】索引標籤的【版面設定】功能區，選擇「列印範圍」下拉選項中的「新增至列印範圍」。

Step2 由【版面配置】索引標籤的【版面設定】功能區，按下「版面設定對話方塊啟動器」，開啟【版面設定】對話方塊。

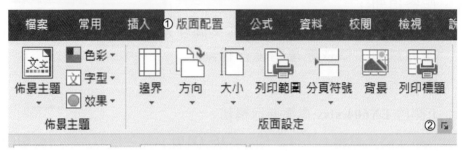

Step3 在【版面設定】對話方塊的【頁首/頁尾】索引標籤，按下「自訂頁首」。

版面設定　　　　　　　　　　　　　　　　？　✕

頁面　　邊界　① 頁首/頁尾　工作表

頁首(A):

(無)　　　　　　　　　　　　　　　　　　　　⌄

② 自訂頁首(C)...　　　自訂頁尾(U)...

Step4 在【頁首】對話方塊中，在【左】：輸入「血型分析」並選取，接著按下「A」格式化文字鈕。

②
A　　#　　🗇　　🗐　　🕐

左(L):　　　　　　　　　　　　中(C):

血型分析 ①

Step5 在【字型】對話方塊中：

- 【字型】：選擇「微軟正黑體」。
- 【字型樣式】：選擇「粗體」。
- 【大小】：選擇「14」。
- 按下「確定」，回到【版面設定】對話方塊的【頁首】索引標籤，再按下「確定」回到【版面設定】對話方塊的【頁首/頁尾】索引標籤。

Step6 在【版面設定】對話方塊的【頁首/頁尾】索引標籤，按下「自訂頁尾」。

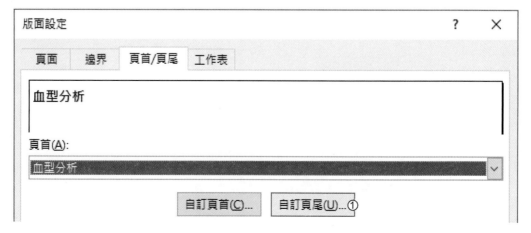

Step7 在【頁尾】對話方塊中，在【中】：輸入「第頁，共頁」（逗號為全形），
　　　在「第頁」之間「插入頁碼」、在「共頁」之間「插入頁數」，按下「確
　　　定」，回到【版面設定】對話方塊的【頁首/頁尾】索引標籤，按下「確
　　　定」。

題組五 題目 EX105 Spreadsheets

一、作答須知：

請至 C:\ANS.CSF\MO02 資料夾開啟題目所需之檔案進行編輯，作答完成後，請依原檔名儲存檔案。

二、設計項目：

1.開啟 **EX105.xlsx** 檔案進行編輯。

2.設定「A1~H45」儲存格，水平置中對齊，加上內外單線框線（框線樣式左欄最下方線條樣式）。

3.設定「A1~H1」儲存格，字體大小 14pt、填滿色彩為「淺藍」。

4.合併「C1~G1」儲存格。

解題步驟

Step1 選擇「A1:H45」儲存格，由【常用】索引標籤的【對齊方式】功能區，按下「置中」，接著在【字型】功能區選擇「框線」下拉選項中的「所有框線」。

Step2 選擇「A1:H1」儲存格，由【常用】索引標籤的【字型】功能區，【字型大小】：選擇「14」、【填滿色彩】：選擇「淺藍」。

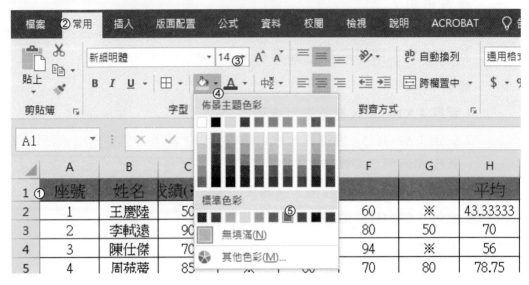

Step3 選擇「C1:G1」儲存格，由【常用】索引標籤的【對齊方式】功能區，按下「跨欄置中」。

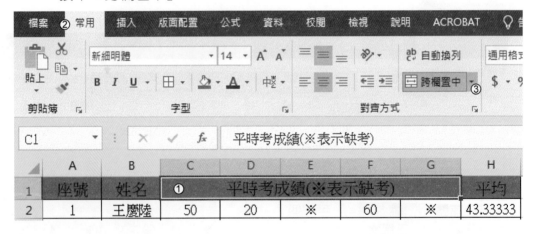

題組五 **題目 EX205** Spreadsheets

一、作答須知：

請至 C:\ANS.CSF\MO02 資料夾開啟題目所需之檔案進行編輯，作答完成後，請依原檔名儲存檔案。

二、設計項目：

1. 開啟 **EX205.xlsx** 檔案進行編輯。

2. 將「一月業績」工作表的達成業績（D2~D21）以貼上連結的方式貼到「季業績」工作表的「B2~B21」儲存格。

3. 將「二月業績」工作表的達成業績（D2~D21）以貼上連結的方式貼到「季業績」工作表的「C2~C21」儲存格。

4. 將「三月業績」工作表的達成業績（D2~D21）以貼上連結的方式貼到「季業績」工作表的「D2~D21」儲存格。

解題步驟

Step1 選擇「一月業績」工作表的「D2:D21」儲存格，由【常用】索引標籤的【剪貼簿】功能區，按下「複製」。

Step2 切換到「季業績」工作表，選擇「B2」儲存格，由【常用】索引
標籤的【剪貼簿】功能區，選擇「貼上」下拉選項中的「貼上連
結」。

Step3 選擇「二月業績」工作表的「D2:D21」儲存格，由【常用】索引標籤
的【剪貼簿】功能區，按下「複製」。

Step4 切換到「季業績」工作表，選擇「C2」儲存格，由【常用】索引標籤
的【剪貼簿】功能區，選擇「貼上」下拉選項中的「貼上連結」。

Step5 選擇「三月業績」工作表的「D2:D21」儲存格，由【常用】索引標籤
的【剪貼簿】功能區，按下「複製」。

Step6 切換到「季業績」工作表，選擇「D2」儲存格，由【常用】索引標籤
的【剪貼簿】功能區，選擇「貼上」下拉選項中的「貼上連結」。

題組五　題目 EX305　　　Spreadsheets

一、作答須知：

請至 C:\ANS.CSF\MO02 資料夾開啟題目所需之檔案進行編輯，作答完成後，請依原檔名儲存檔案。

二、設計項目：

1. 開啟 **EX305.xlsx** 檔案進行編輯。

2. 使用「A3~A6、C3~C6」儲存格，製作「立體圓形圖」圖表，圖表標題名稱改為「106 學年度應屆畢業生」，並置於「A9~F22」儲存格內。

解題步驟

Step1　選擇「A3:A6」及「C3:C6」儲存格，由【插入】索引標籤的【圖表】功能區，選擇「插入圓形圖或環圈圖」下拉選項中的「立體圓形圖」。

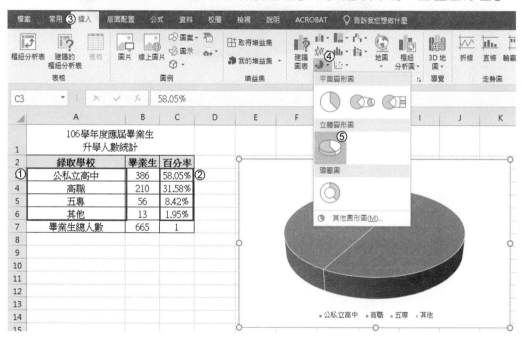

Step2 將「圖表標題」修改成「106 學年度應屆畢業生」，並調整至「A9:F22」儲存格之中。

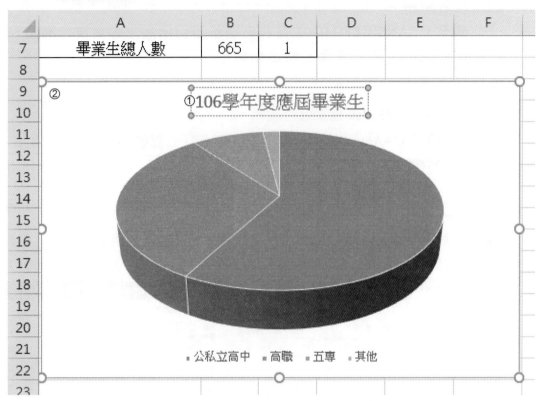

題組五	題目 EX405	Spreadsheets

一、作答須知：

請至 C:\ANS.CSF\MO02 資料夾開啟題目所需之檔案進行編輯，作答完成後，請依原檔名儲存檔案。

二、設計項目：

1. 開啟 **EX405.xlsx** 檔案進行編輯。

2. 使用「SUM」函數，計算「H」欄各學生成績總分。

3. 使用「AVERAGE」函數，計算「I」欄各學生成績平均。

解題步驟

Step1 選擇「C2:H45」儲存格，由【常用】索引標籤的【編輯】功能區，按下「自動加總」。

Step2 選擇「I2」儲存格，由【常用】索引標籤的【編輯】功能區，選擇「自動加總」下拉選項中的「平均值」。

Step3 選擇「C2:G2」儲存格範圍，並按下「✓」輸入鈕。

C2	▼	⋮	× ② ✓	f_x	=AVERAGE(C2:G2)					
▲	A	B	輸入	D	E	F	G	H	I	J
1	座號	姓名	平時考成績(※表示缺考)					總分	平均	
2	1	王慶陸	50	20	※	60	※	=AVERAGE(C2:G2)		
3	2	李軾遠	90	90	40	80	50	AVERAGE(number1, [number2], ...)		
4	3	陳仕傑	70	60	0	94	※	224		
5	4	周苑蒂	85	※	80	70	80	315		

Step4 將「I2」儲存格的「填滿控點」，利用「滑鼠右鍵拖曳」至「I45」儲存格處，在彈出的【快顯功能表】中，選擇「填滿但不填入格式」。

	A	B	C	D	E	F	G	H	I	J	K	L
30	29	蔡偉容	60	80	90	60	95	385				
31	30	王嘉榮	80	75	0	※	70	225				
32	31	林安鴻	30	30	※	45	80	185		複製儲存格(C)		
33	32	王啟文	44	50	50	80	92	316		以數列填滿(S)		
34	33	施偉育	80	73	60	40	60	313		僅以格式填滿(F)		
35	34	程家德	90	90	70	91	80	421		② 填滿但不填入格式(O)		
36	35	吳仁德	76	58	80	64	75	353		以天數填滿(D)		
37	36	席家祥	40	50	70	60	65	285		以工作日填滿(W)		
38	37	魏傳芳	85	82	87	75	80	409		以月填滿(M)		
39	38	蔡揚予	90	※	95	82	87	354		以年填滿(Y)		
40	39	呂學瑋	50	55	52	60	59	276		等差趨勢(L)		
41	40	洪啟光	82	83	87	86	84	422		等比趨勢(G)		
42	41	吳玉月	99	87	94	91	81	452		快速填入(F)		
43	42	林愛珠	50	44	※	32	35	161		數列(E)...		
44	43	孔凡任	75	85	89	87	81	417				
45	44	薛麗利	※	65	85	84	82	316	①			

題組五　題目 EX505　　　　Spreadsheets

一、作答須知：

　　請至 C:\ANS.CSF\MO02 資料夾開啟題目所需之檔案進行編輯，作答完成後，請依原檔名儲存檔案。

二、設計項目：

　　1.開啟 **EX505.xlsx** 檔案進行編輯。

　　2.建立樞紐分析表於新的工作表，工作表名稱為「交貨點分析表」，欄標籤為「交貨地點」、列標籤為「客戶名稱」，值欄位為「交易金額」。

解題步驟

Step1 選擇「A1:E101」儲存格，由【插入】索引標籤的【表格】功能區，按下「樞紐分析表」，開啟【建立樞紐分析表】對話方塊，並按下「確定」。

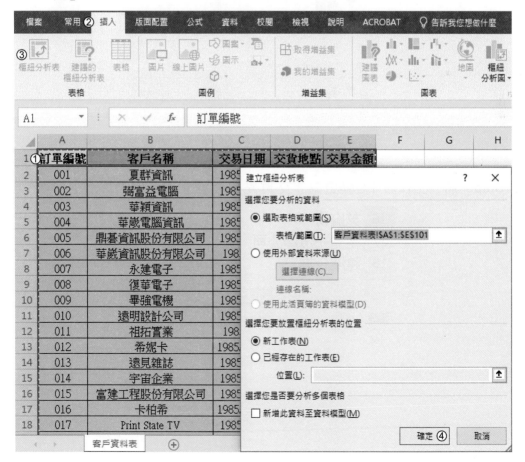

Step2 在【樞紐分析表欄位】窗格中，分別拖曳下列欄位至對應位置：

- 【列】：客戶名稱。
- 【欄】：交貨地點。
- 【Σ 值】：交易金額。

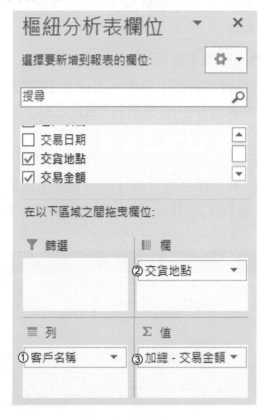

Step3 將「工作表 1」變更為「交貨點分析表」。

| 題組五 | 題目 EX605 | Spreadsheets |

一、作答須知：

　　請至 C:\ANS.CSF\MO02 資料夾開啓題目所需之檔案進行編輯，作答完成後，請依原檔名儲存檔案。

二、設計項目：

　　1. 開啓 **EX605.xlsx** 檔案進行編輯。

　　2. 設定頁首左方內容輸入「班級：資一乙」。（冒號為全形）

　　3. 設定頁首中央內容輸入「操行成績總表」，格式為標楷體、粗體、大小 16pt。

　　4. 設定頁首右方內容輸入「日期：」，並插入日期。（冒號為全形）

解題步驟

Step1 由【版面配置】索引標籤的【版面設定】功能區，按下「版面設定對話方塊啓動器」，開啓【版面設定】對話方塊。

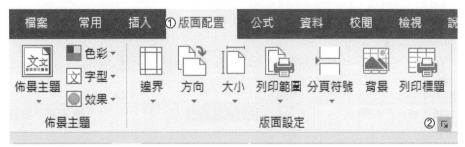

Step2 在【版面設定】對話方塊的【頁首/頁尾】索引標籤，按下「自訂頁首」。

Step3 在【頁首】對話方塊中，針對相對位置設定：

- 【左】：輸入「班級：資一乙」。
- 【中】：輸入「操行成績總表」並選取，利用「A」格式化工具鈕，開啟【字型】對話方塊，【字型】：選擇「標楷體」、【字型樣式】：選擇「粗體」、【大小】：選擇「16」，按下「確定」，回到【頁首】對話方塊。
- 【右】：輸入「日期：」，並「插入日期」。
- 按「確定」，回到【版面設定】對話方塊的【頁首/頁尾】索引標籤，再按下「確定」。

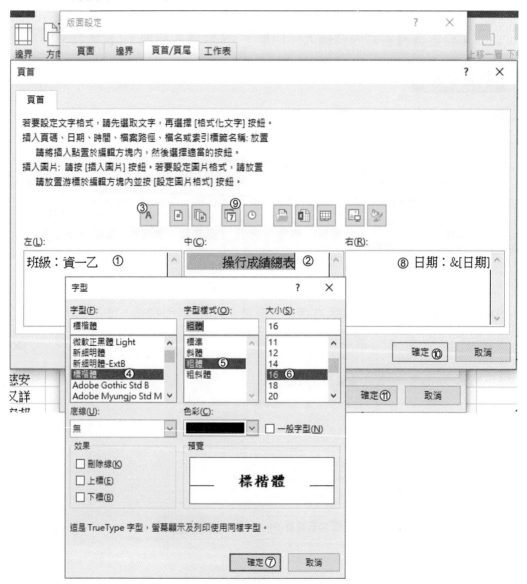

3-4 第三類：簡報設計 Presentations

題組一 題目 PP101 Presentations

一、作答須知：

請至 C:\ANS.CSF\MO03 資料夾開啓題目所需之檔案進行編輯，作答完成後，請依原檔名儲存檔案。

二、設計項目：

1. 開啓 **PP101.pptx** 檔案進行編輯。

2. 將投影片大小改成「如螢幕大小(16:10)」，以 **Sun Moon Lake.jpg** 作為投影片背景。

解題步驟

Step1 由【設計】索引標籤的【自訂】功能區，選擇「投影片大小」下拉選項中的「自訂投影片大小」，開啓【投影片大小】對話方塊。

Step2 在【投影片大小】對話方塊中，【投影片大小】：選擇「如螢幕大小(16:10)」，按下「確定」。

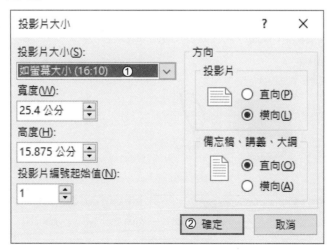

Step3 調整投影片大小後，選擇「最大化」選項。

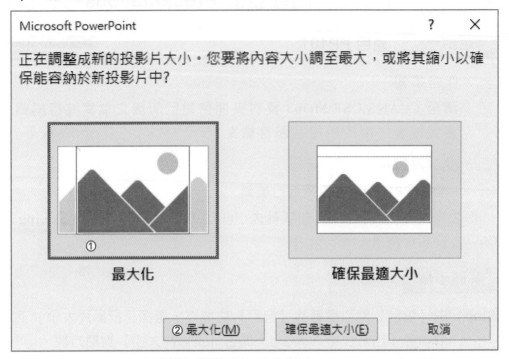

Step4 由【設計】索引標籤的【自訂】功能區，按下「設定背景格式」，開啟【設定背景格式】窗格，點選【填滿】中的「圖片或材質填滿」，在【圖片插入來源】中，按下「檔案」，開啟【插入圖片】對話方塊，選擇「Sun Moon Lake.jpg」圖檔作為投影片背景，按下「插入」。

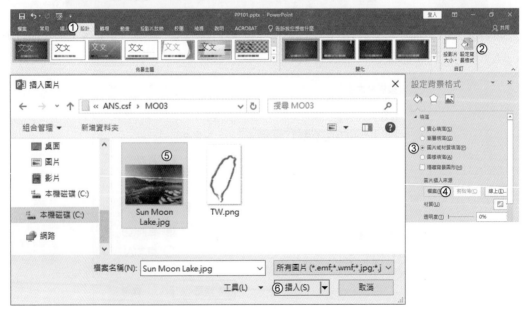

　**題目 PP201**　　　　　　　　　　Presentations

一、作答須知：

　　請至 C:\ANS.CSF\MO03 資料夾開啓題目所需之檔案進行編輯，作答完成後，請依原檔名儲存檔案。

二、設計項目：

　　1.開啓 **PP201.pptx** 檔案進行編輯。

　　2.修改「石板 備忘稿」的文字格式，標題版面配置區：字型改成標楷體、粗體、大小 44pt、字型色彩為「黃色」；文字版面配置區：第一層的段落縮排文字之前 2 公分（編輯母片文字樣式）。

解題步驟

Step1 由【檢視】索引標籤的【母片檢視】功能區，按下「投影片母片」。

Step2 選擇【石板 備忘稿】的「標題版面配置區」，由【常用】索引標籤的【字型】功能區，設定【字型】：選擇「標楷體」、【字型樣式】：選擇「粗體」、【字型色彩】：選擇「黃色」、【字型大小】：選擇「44」。

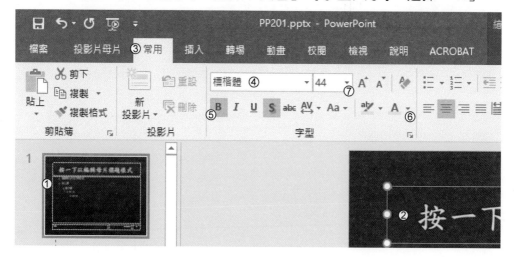

Step3 游標置於「文字版面配置區」中「第一層段落文字」中,由【常用】
索引標籤的【段落】功能區,按下「段落對話方塊啟動器」,在【縮排】
的【文字之前】:輸入「2 公分」,按下「確定」。

 **題組一** **題目 PP301** Presentations

一、作答須知：

　　請至 C:\ANS.CSF\MO03 資料夾開啓題目所需之檔案進行編輯，作答完成後，請依原檔名儲存檔案。

二、設計項目：

　　1.開啓 **PP301.pptx** 檔案進行編輯。

　　2.第一張投影片插入視訊 **TW.wmv**，位置皆從左上角、水平位置 5.2 公分、垂直位置 5.4 公分，大小調整高度及寬度皆為 79%。

　　3.第二張投影片插入圖片 **TW.png**，移到最下層，設定替代文字的描述為 TW.png。

解題步驟

Step1 由【插入】索引標籤的【媒體】功能區，選擇「視訊」下拉選項中的「我個人電腦上的視訊」，開啓【插入視訊】對話方塊。

Step2 在【插入視訊】對話方塊，選擇「**TW.wmv**」影像，按下「插入」。

Step3 由【視訊工具】/【格式】索引標籤的【大小】功能區，按下「大小對
話方塊啓動器」，開啓【視訊格式】窗格。

Step4 在【視訊格式】窗格中，選擇【大小與屬性】，設定【大小】的【調整
高度】：輸入「79%」、【位置】的【水平位置】：輸入「5.2 公分」、【垂
直位置】：輸入「5.4 公分」。

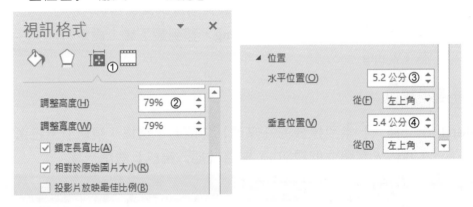

Step5 選擇第二張投影片，由【插入】索引標籤的【影像】功能區，按下「圖
片」，開啓【插入圖片】對話方塊，選擇「TW.png」影像，按下「插
入」。

Step6 由【圖片工具】/【格式】索引標籤的【排列】功能區，在「下移一層」
下拉選項中選擇「移到最下層」。

Step7 由【圖片工具】/【格式】索引標籤的【協助工具】功能區，按下「替
代文字」，在【替代文字】窗格中的【(建議使用 1-2 個句子)】：輸入
「TW.png」。

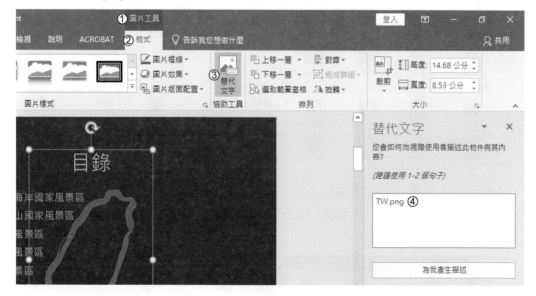

題組一 題目 PP401 　Presentations

一、作答須知：

請至 C:\ANS.CSF\MO03 資料夾開啟題目所需之檔案進行編輯，作答完成後，請依原檔名儲存檔案。

二、設計項目：

1.開啟 **PP401.pptx** 檔案進行編輯。

2.設定第一張投影片的轉場為「百葉窗」效果、持續時間為 2.5 秒、聲音為「鼓掌」，設定每隔 3 秒自動換頁。

解題步驟

Step1 由【轉場】索引標籤的【切換到此投影片】功能區，選擇「其他」下拉選項中的「百葉窗」。

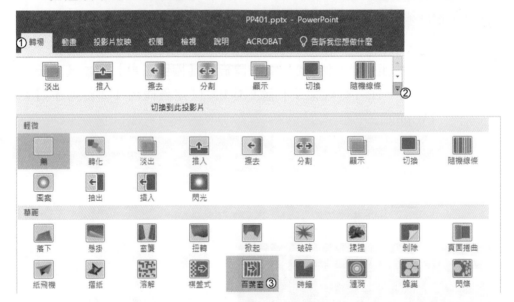

Step2 在【轉場】索引標籤的【預存時間】功能區，在【聲音】：選擇「鼓掌」、在【持續時間】：輸入「02.50」、在【投影片換頁】中勾選「每隔」：輸入「00:03.00」。

題組一	題目 PP501	Presentations

一、作答須知：

　　請至 C:\ANS.CSF\MO03 資料夾開啟題目所需之檔案進行編輯，作答完成後，請依原檔名儲存檔案。

二、設計項目：

　　1.開啟 **PP501.pptx** 檔案進行編輯。

　　2.將第一張投影片的圖片，設定接續前動畫以「旋轉」進入動畫效果、期間 1.5 秒。

解題步驟

Step1 選擇「第一張」投影片的圖片，在【動畫】索引標籤的【動畫】功能區，選擇「其他」下拉選項中的「旋轉」進入動畫效果。

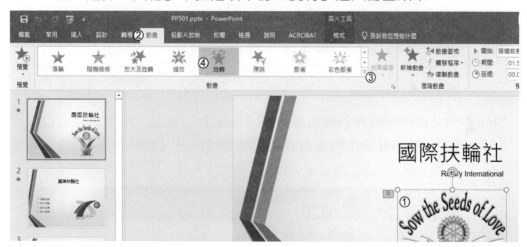

Step2 在【預存時間】功能區，【開始】：選擇「接續前動畫」、【期間】：輸入「01.50」。

題組一 **題目 PP601** Presentations

一、作答須知：

請至 C:\ANS.CSF\MO03 資料夾開啟題目所需之檔案進行編輯，作答完成後，請依原檔名儲存檔案。

二、設計項目：

1.開啟 **PP601.pptx** 檔案進行編輯。

2.設定所有投影片每隔 4 秒自動換頁。

3.「設定投影片放映」中，勾選「連續放映到按下 ESC 為止」。

解題步驟

Step1 由【轉場】索引標籤的【預存時間】功能區，在【投影片換頁】：勾選「每隔」並輸入「00：04.00」，按下「全部套用」。

Step2 由【投影片放映】索引標籤的【設定】功能區，按下「設定投影片放映」，開啟【設定放映方式】對話方塊，在【放映選項】：勾選「連續放映到按下 ESC 為止」，按下「確定」。

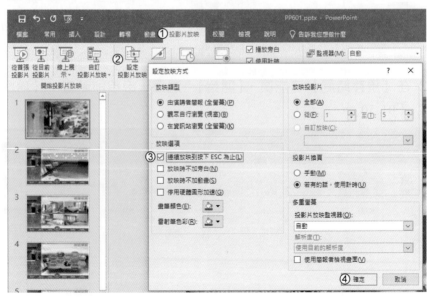

題組二　題目 PP102　　　　Presentations

一、作答須知：

請至 C:\ANS.CSF\MO03 資料夾開啟題目所需之檔案進行編輯，作答完成後，請依原檔名儲存檔案。

二、設計項目：

1. 開啟 **PP102.pptx** 檔案進行編輯。

2. 利用「大綱模式」檢視環境，將第二至九張投影片的標題，建立新的摘要投影片，標題修改成「摘要投影片」，並調整至第二張位置。

解題步驟

Step1 由【檢視】索引標籤的【簡報檢視】功能區，按下「大綱模式」。

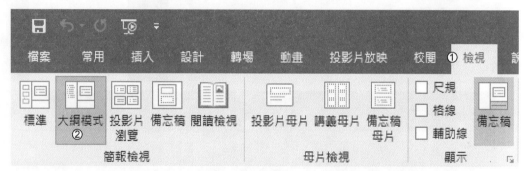

Step2 選取「第二至九張投影片」的標題，按滑鼠右鍵，選擇「複製」。

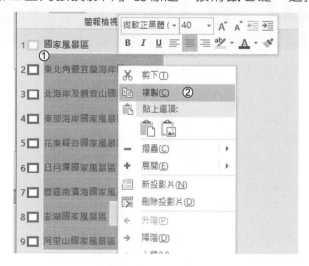

Step3 在第九張投影片後，按下「Enter」鍵，新增一張投影片，在「文字版面配置區」中，使用「滑鼠右鍵」中的【貼上選項】中的「只保留文字」（記得刪除多餘空白段落），在「標題版面配置區」中輸入「摘要投影片」。

Step4 將「摘要投影片」拖曳至第一張投影片之後。

題組二　題目 PP202　　　　　　　　　　　Presentations

一、作答須知：

請至 C:\ANS.CSF\MO03 資料夾開啟題目所需之檔案進行編輯，作答完成後，請依原檔名儲存檔案。

二、設計項目：

1.開啟 **PP202.pptx** 檔案進行編輯。

2.修改「Office 佈景主題　備忘稿」的文字格式，標題版面配置區：中文字型改成微軟正黑體、粗體、段落「置中對齊」。

解題步驟

Step1 由【檢視】索引標籤的【母片檢視】功能區，按下「投影片母片」。

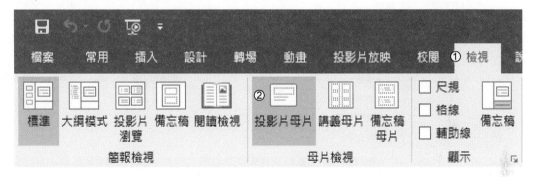

Step2 選擇最上方的【Office 佈景主題 備忘稿】的「標題版面配置區」，由【常用】索引標籤的【字型】功能區，按下「字型對話方塊啓動器」，在【字形】索引標籤中，【中文字型】：選擇「微軟正黑體」、【字型樣式】：選擇「粗體」，按下「確定」。

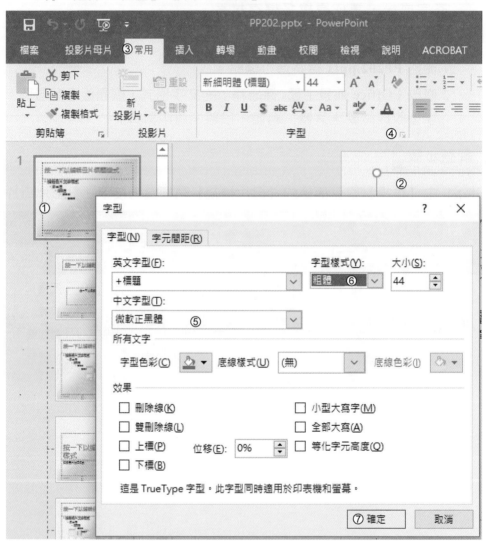

Step3 由【常用】索引標籤的【段落】功能區，按下「置中」。

題組二　**題目 PP302**　　　　　　　　　Presentations

一、作答須知：

　　請至 C:\ANS.CSF\MO03 資料夾開啟題目所需之檔案進行編輯，作答完成後，請依原檔名儲存檔案。

二、設計項目：

　　1.開啟 **PP302.pptx** 檔案進行編輯。

　　2.第三張投影片中，插入「雲朵形」圖案，位置皆從左上角，水平位置 21.5 公分、垂直位置 5.8 公分，寬度與高度皆為 8.00 公分。

　　3.將下方文字（污泥有機…）置入雲朵形中（原文字方塊刪除）。

　　4.第四張投影片中，插入物件 **water.xlsx**，位置皆從左上角，水平位置 9.88 公分、垂直位置為 10 公分。

解題步驟

Step1　選擇第三張投影片，由【插入】索引標籤的【圖例】功能區，選擇「圖案」下拉選項中的「雲朵形」圖案，在版面上拖曳出圖案。

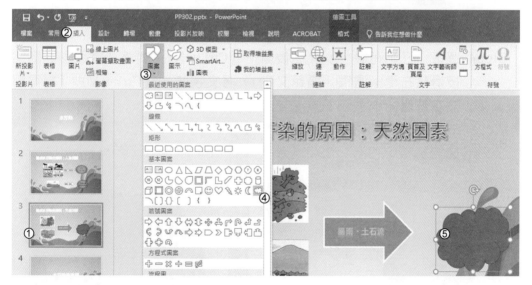

Step2 由【繪圖工具】/【格式】索引標籤的【大小】功能區，按下「大小對話方塊啟動器」。

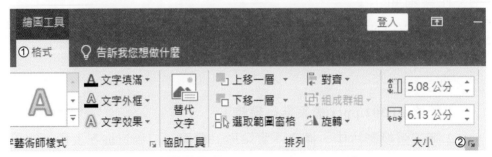

Step3 在【設定圖形格式】窗格中的【大小與屬性】，設定【大小】的【高度】：輸入「8公分」、【寬度】：輸入「8公分」、【位置】的【水平位置】：輸入「21.5公分」、【垂直位置】：輸入「5.8公分」。

Step4 選取「汙泥有機…」文字後剪下（Ctrl + X），對著「雲朵形」圖案，按滑鼠右鍵，選擇「編輯文字」，將文字貼入（Ctrl + V）。（記得刪除文字方塊）

Step5 選擇第四張投影片，由【插入】索引標籤的【文字】功能區，按下「物件」，開啟【插入物件】對話方塊，點選「由檔案建立」。

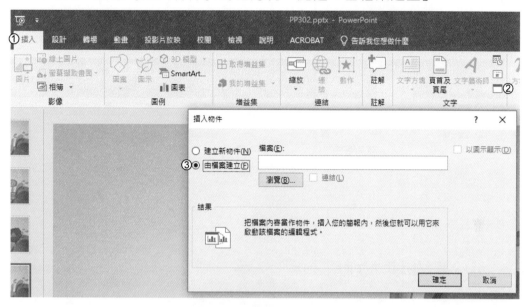

Step6 按下「瀏覽」按鈕，開啟【瀏覽】對話方塊，選擇「water.xlsx」檔案，再按下「確定」兩次。

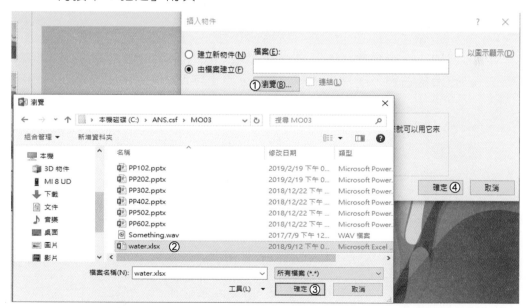

Step7 由【繪圖工具】/【格式】索引標籤的【大小】功能區，按下「大小對話方塊啟動器」，在【設定物件格式】窗格中的【大小與屬性】，設定【位置】的【水平位置】：輸入「9.88 公分」、【垂直位置】：輸入「10公分」。

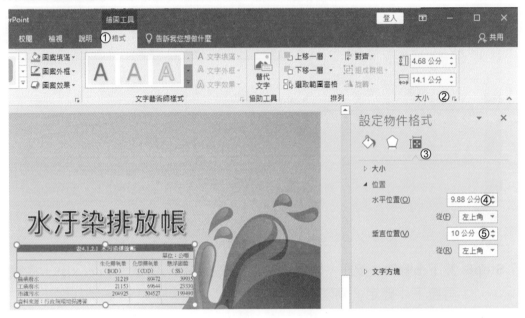

題組二 題目 PP402 Presentations

一、作答須知：

請至 C:\ANS.CSF\MO03 資料夾開啟題目所需之檔案進行編輯，作答完成後，請依原檔名儲存檔案。

二、設計項目：

1. 開啟 **PP402.pptx** 檔案進行編輯。

2. 設定第一張投影片的轉場改為「方塊」效果、聲音為 **Something.wav**，設定每 5 秒自動換頁。

解題步驟

Step1 選擇第一張投影片，由【轉場】索引標籤的【切換到此投影片】功能區，選擇「方塊」效果。

Step2 由【轉場】索引標籤的【預存時間】功能區，【聲音】：選擇「Something.wav」（在「其他聲音」選項中尋找 C:\ANS.CSF\MO03 資料夾），按下「確定」。

Step3 在【投影片換頁】：勾選「每隔」並輸入「00:05.00」。

題組二 題目 PP502 Presentations

一、作答須知：

請至 C:\ANS.CSF\MO03 資料夾開啟題目所需之檔案進行編輯，作答完成後，請依原檔名儲存檔案。

二、設計項目：

1.開啟 **PP502.pptx** 檔案進行編輯。

2.將第二張投影片的「扶輪宗旨、四大考驗、四大目標、四大服務」文字，依序設定接續前動畫自上「飛入」進入效果、期間為 1 秒。

3.將右下角的「齒輪」動畫效果，移至最後一個。

解題步驟

Step1 選擇第二張投影片的「文字版面配置區」，由【動畫】索引標籤的【動畫】功能區，選擇「飛入」進入效果，【效果選項】：選擇「自上」。

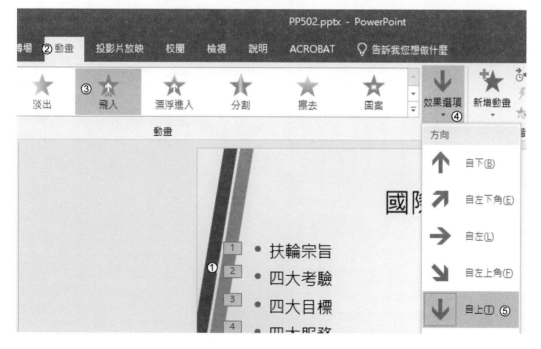

Step2 在【預存時間】功能區，【開始】：選擇「接續前動畫」、【期間】：輸入「01.00」。

Step3 由【動畫】索引標籤的【進階動畫】功能區，點選「動畫窗格」，開啟【動畫窗格】窗格，選擇「0★圖片3」，移動至最後一個。

| 題組二 | 題目 PP602 | Presentations |

一、作答須知：

請至 C:\ANS.CSF\MO03 資料夾開啓題目所需之檔案進行編輯，作答完成後，請依原檔名儲存檔案。

二、設計項目：

1. 開啓 **PP602.pptx** 檔案進行編輯。

2. 新增一個「亞洲國家」的自訂投影片放映，第一張、第八張、第九張及第十張投影片為播放內容。

3. 設定投影片放映時，只放映「亞洲國家」自訂投影片放映的投影片。

4. 放映類型採用「在資訊站瀏覽 (全螢幕)」。

解題步驟

Step1　由【投影片放映】索引標籤的【開始投影片放映】功能區，選擇「自訂投影片放映」下拉選項中的「自訂放映」，開啓【自訂放映】對話方塊。

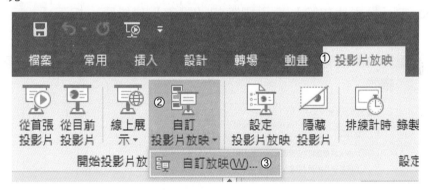

Step2 在【自訂放映】對話方塊中，按下「新增」，開啟【定義自訂放映】對
話方塊，【投影片放映名稱】：輸入「亞洲國家」、【簡報中的投影片】：
勾選「第一張、第八張、第九張及第十張投影片」，按下「新增」，再
按下「確定」及「關閉」。

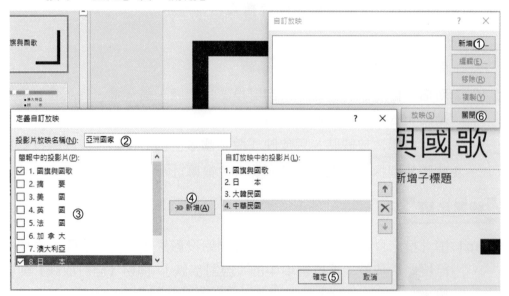

Step3 由【投影片放映】索引標籤的【設定】功能區，按下「設定投影片放
映」，開啟【設定放映方式】對話方塊，【放映類型】：選擇「在資訊站
瀏覽 (全螢幕)」、【放映投影片】：選擇「自訂放映-亞洲國家」，按下
「確定」。

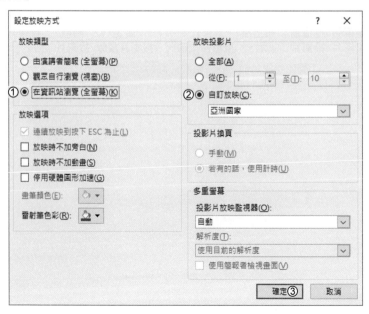

| 題組三 | 題目 PP103 | Presentations |

一、作答須知：

　　請至 C:\ANS.CSF\MO03 資料夾開啓題目所需之檔案進行編輯，作答完成後，請依原檔名儲存檔案。

二、設計項目：

　　1.開啓 **PP103.pptx** 檔案進行編輯。

　　2.利用「大綱模式」檢視環境，將第二至六張投影片的標題，建立新的摘要投影片，標題修改成「目錄」，並調整至第二張位置。

　　3.插入「全部套用」的「頁首及頁尾」，日期及時間為「2018/8/8」、頁尾文字為「台東之美」，加上「標題投影片中不顯示」的投影片編號。

解題步驟

Step1 由【檢視】索引標籤的【簡報檢視】功能區，按下「大綱模式」。

Step2 選取第二至六張投影片的標題，按滑鼠右鍵，選擇「複製」。

Step3 在第六張投影片後,按下「Enter」鍵,新增一張投影片,在「文字版面配置區」中,按滑鼠右鍵,選擇「貼上選項」中的「只保留文字」(記得刪除多餘空白段落)。

Step4 在「標題版面配置區」中輸入「目錄」。

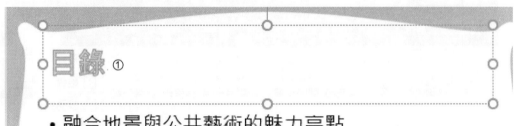

- 融合地景與公共藝術的魅力亮點
- 台灣第一座遺址公園
- 簡約洗鍊的天主教建築
- 永恆的鐵道回憶
- 天然雕刻公園

Step5　將「目錄投影片」拖曳至第一張投影片之後，由【檢視】索引標籤的【簡報檢視】功能區，按下「標準」。

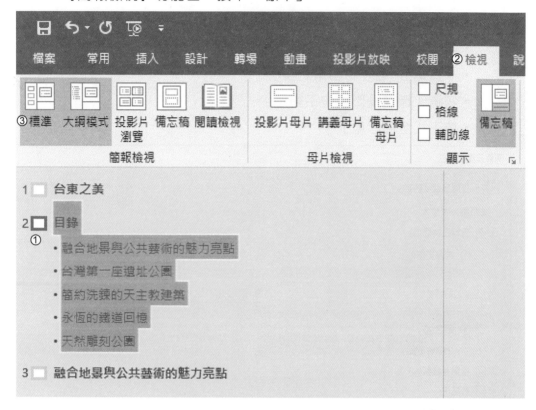

Step6　由【插入】索引標籤的【文字】功能區，按下「頁首及頁尾」，開啓【頁首及頁尾】對話方塊的【投影片】索引標籤。

Step7 在【頁首及頁尾】對話方塊的【投影片】索引標籤的【在投影片中放入】：

- 勾選「日期及時間」：點選「固定」、輸入「2018/8/8」。

- 勾選「投影片編號」。

- 「頁尾」：輸入「台東之美」。

- 勾選「標題投影片中不顯示」。

- 按下「全部套用」。

題組三	題目 PP203	Presentations

一、作答須知：

　　請至 C:\ANS.CSF\MO03 資料夾開啟題目所需之檔案進行編輯，作答完成後，請依原檔名儲存檔案。

二、設計項目：

　　1.開啟 **PP203.pptx** 檔案進行編輯。

　　2.修改「主要賽事 備忘稿」的文字格式，標題版面配置區：中文字型改為微軟正黑體，文字版面配置區：第一層（編輯母片文字樣式）使用 **COFFEE.png** 作為項目符號圖示、圖示大小為 160%字高。

解題步驟

Step1 由【檢視】索引標籤的【母片檢視】功能區，按下「投影片母片」。

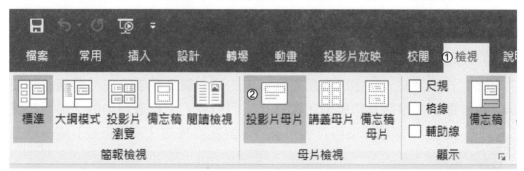

Step2 選擇最上方的【主要賽事 備忘稿】的「標題版面配置區」，由【常用】索引標籤的【字型】功能區，按下「字型對話方塊啟動器」，開啟【字型】對話方塊的【字型】索引標籤。

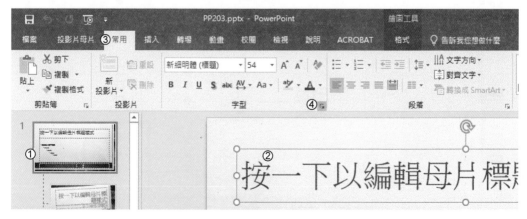

Step3 在【字型】對話方塊的【字型】索引標籤中,【中文字型】:選擇「微軟正黑體」,按下「確定」。

Step4 游標至於「文字版面配置區」中的第一層文字中,由【常用】索引標籤的【段落】功能區,選擇「項目符號」下拉選項中的「項目符號及編號」,開啟【項目符號及編號】對話方塊的【項目符號】索引標籤。

Step5 【項目符號及編號】對話方塊的【項目符號】索引標籤,【大小】:輸
入「160」%字高,按下「圖片」,開啟【插入圖片】對話方塊,先選
擇【從檔案】選項,再選擇「COFFEE.png」圖檔(在 C:\ANS.CSF\MO03
資料夾中),最後按下「插入」。

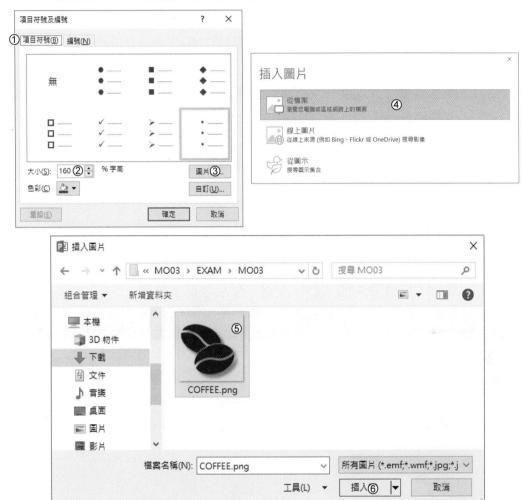

題組三　題目 PP303

一、作答須知：

請至 C:\ANS.CSF\MO03 資料夾開啟題目所需之檔案進行編輯，作答完成後，請依原檔名儲存檔案。

二、設計項目：

1. 開啟 **PP303.pptx** 檔案進行編輯。

2. 第三張投影片至第十張投影片，插入「動作按鈕：移至首頁」圖案，位置皆從左上角、水平位置 23.5 公分、垂直位置 2.5 公分，寬度與高度皆為 1 公分，設定按一下滑鼠，可跳到第二張的「目錄」投影片。

3. 設定按下「目錄」投影片的「東北角暨宜蘭海岸國家風景區」文字可超連結至第三張投影片。

解題步驟

Step1　選擇第三張投影片，由【插入】索引標籤的【圖例】功能區，選擇「圖案」下拉選項中的「動作按鈕：移至首頁」圖案。

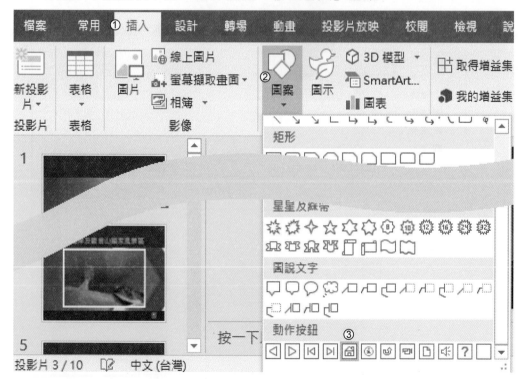

Step2 並在版面上拖曳出一個動作按鈕，在【動作設定】對話方塊的【按一下滑鼠】索引標籤中，【跳到】：選擇「投影片…」。

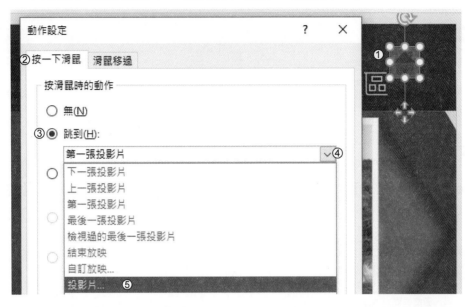

Step3 在【跳到投影片】對話方塊中，【投影片標題】指定到「2.目錄」，按下「確定」，回到【動作設定】對話方塊的【按一下滑鼠】索引標籤，按下「確定」。

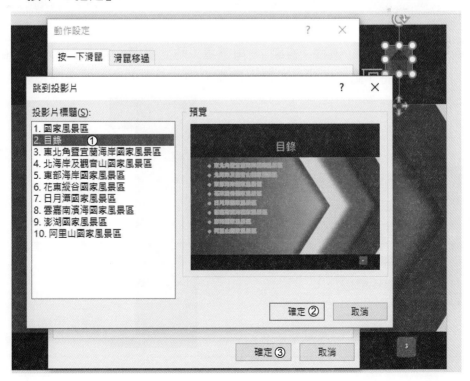

Step4　由【繪圖工具】/【格式】索引標籤的【大小】功能區，按下「大小對話方塊啓動器」，開啓【設定圖形格式】窗格。

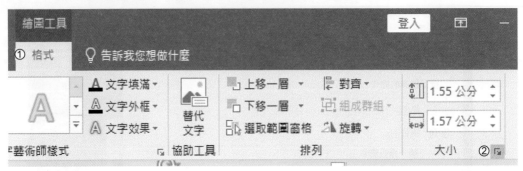

Step5　在【設定圖形格式】窗格中的【大小與屬性】，設定【大小】的【高度】：輸入「1 公分」、【寬度】：輸入「1 公分」、【位置】的【水平位置】：輸入「23.5 公分」、「垂直位置」：輸入「2.5 公分」。

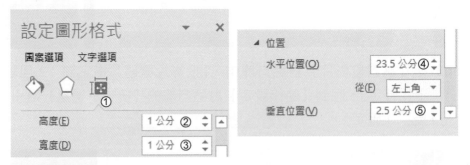

Step6　按滑鼠右鍵，選擇「複製」，再選擇「貼上選項」中的「使用目的佈景主題」，將「動作按鈕：首頁」圖案分別貼至第四張至第十張投影片中。

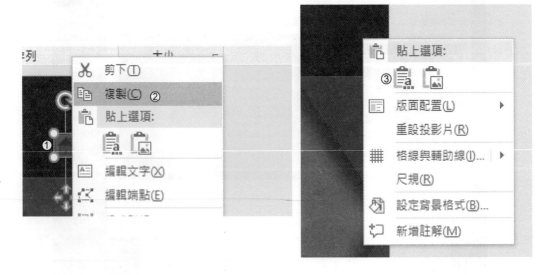

Step7 選擇第二張投影片的「東北角暨宜蘭海岸國家風景區」文字，由【插入】索引標籤的【連結】功能區，按下「連結」，開啟【連結】對話方塊：

- 【連結至】：點選「這份文件中的位置」。

- 【選擇文件中的一個位置】：點選「3.東北角暨宜蘭海岸國家風景區」。

- 按下「確定」。

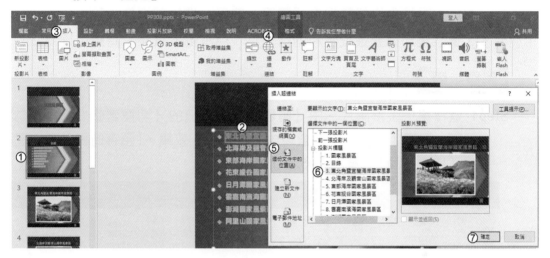

題組三　題目 PP403　　　　　　　　　　　　　　Presentations

一、作答須知：

請至 C:\ANS.CSF\MO03 資料夾開啓題目所需之檔案進行編輯，作答完成後，請依原檔名儲存檔案。

二、設計項目：

1.開啓 **PP403.pptx** 檔案進行編輯。

2.第一張投影片的轉場為「窗簾」效果、持續時間為 5 秒。

3.第二張至第五張投影片的轉場為「百葉窗」效果、持續時間為 2 秒。

解題步驟

Step1 選擇第一張投影片，由【轉場】索引標籤的【切換到此投影片】功能區，選擇「其他」下拉選項中的「窗簾」效果，【預存時間】功能區的【持續時間】：輸入「05.00」。

Step2 選擇【第二至五張投影片】，由【轉場】索引標籤的【切換到此投影片】功能區，選擇「其他」下拉選項中的「百葉窗」效果，【預存時間】功能區的【持續時間】：輸入「02.00」。

題組三　**題目 PP503**　　　　　　　　　　　　　　Presentations

一、作答須知：

請至 C:\ANS.CSF\MO03 資料夾開啟題目所需之檔案進行編輯，作答完成後，請依原檔名儲存檔案。

二、設計項目：

1.開啟 **PP503.pptx** 檔案進行編輯。

2.將 SmartArt 物件設定與前動畫同時以「縮放」進入效果、期間為 1 秒，並動畫效果選項為「從中心一個接一個」。

3.將圖片的動畫改在 SmartArt 物件的動畫之後播放。

解題步驟

Step1　選取 SmartArt 物件，由【動畫】索引標籤的【動畫】功能區，選擇「其他」下拉選項中的「縮放」進入效果，在【預存時間】功能區的【開始】：選擇「與前動畫同時」、【期間】：輸入「01.00」，再選擇「效果選項」下拉選項中的「依層級一個接一個」。

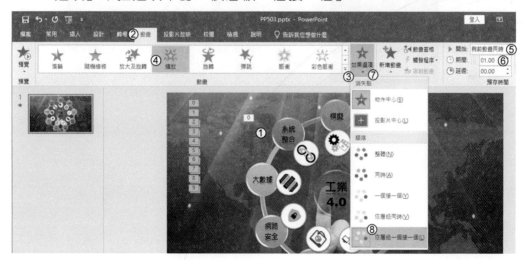

Step2 在【進階動畫】功能區，點選「動畫窗格」，開啟「動畫窗格」窗格。

Step3 將「0★圖片 2」移動到最下方，在【預存時間】功能區的【開始】：
選擇「接續前動畫」。

| 題組三 | 題目 PP603 | Presentations |

一、作答須知：

請至 C:\ANS.CSF\MO03 資料夾開啟題目所需之檔案進行編輯，作答完成後，請依原檔名儲存檔案。

二、設計項目：

1.開啟 **PP603.pptx** 檔案進行編輯。

2.依序將第一、二張投影片及投影片名稱編號 1 至 5，共七張投影片，以「蝴蝶類別」名稱定義自訂投影片放映（編號請遞增排序）。

3.設定投影片只放映「蝴蝶類別」自訂放映的投影片。

解題步驟

Step1 由【投影片放映】索引標籤的【開始投影片放映】功能區，選擇「自訂投影片放映」下拉選項中的「自訂放映」，開啟【自訂放映】對話方塊。

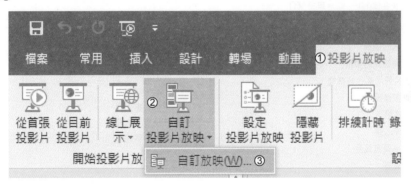

Step2 在【自訂放映】對話方塊中，按下「新增」，開啟【定義自訂放映】對話方塊。

Step3 在【定義自訂放映】對話方塊，【投影片放映名稱】：輸入「蝴蝶類別」、【簡報中的投影片】：勾選「第一、二、三、五、六、九、十一張投影片」，按下「新增」。

Step4 再依照「投影片標題編號」利用「向上」及「向下」鈕調整順序（編號請遞增排序），最後按下「確定」及「關閉」。

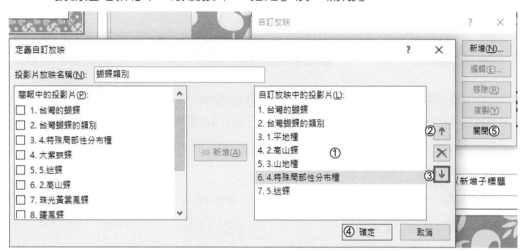

Step5 由【投影片放映】索引標籤的【設定】功能區，按下「設定投影片放映」，開啟【設定放映方式】對話方塊，【放映投影片】：選擇「自訂放映-蝴蝶類別」，按下「確定」。

題組四	題目 PP104	Presentations

一、作答須知：

　　請至 C:\ANS.CSF\MO03 資料夾開啟題目所需之檔案進行編輯，作答完成後，請依原檔名儲存檔案。

二、設計項目：

　　1.開啟 **PP104.pptx** 檔案進行編輯。

　　2.全部投影片的背景設定填滿 **BK.jpg** 圖片。

　　3.除第一張投影片之外，其餘投影片皆要顯示投影片編號。

解題步驟

Step1　由【設計】索引標籤的【自訂】功能區，按下「設定背景格式」，在【設定背景格式】窗格，在【填滿】設定區，點選「圖片或材質填滿」、按下【圖片插入來源】的「檔案」，開啟【插入圖片】對話方塊。

Step2 在【插入圖片】對話方塊，選擇「BK.jpg」（在 C:\ANS.CSF\MO03 中），
按下「插入」，回到【設定背景格式】窗格，按下「全部套用」。

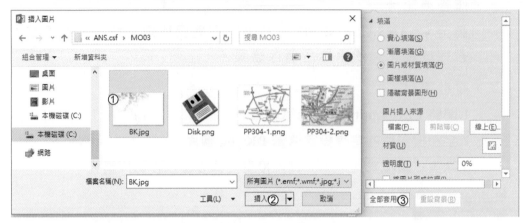

Step3 由【插入】索引標籤的【文字】功能區，按下「頁首及頁尾」，開啟【頁
首及頁尾】對話方塊的【投影片】索引標籤，【在投影片中放入】：勾
選「投影片編號」，並勾選「標題投影片中不顯示」，最後按下「全部
套用」。

題組四 題目 PP204 Presentations

一、作答須知：

請至 C:\ANS.CSF\MO03 資料夾開啓題目所需之檔案進行編輯，作答完成後，請依原檔名儲存檔案。

二、設計項目：

1. 開啓 **PP204.pptx** 檔案進行編輯。

2. 第二張投影片的項目符號改為 **Disk.png**，大小調整為 125%字高。

3. 第三張投影片的項目符號改為「🖥」項目符號、大小為 130%字高。（字型為 Wingdings，字元代碼為 58）

解題步驟

Step1 選擇第二張投影片的「文字版面配置區」文字，由【常用】索引標籤的【段落】功能區，選擇「項目符號」下拉選項中的「項目符號及編號」，開啓【項目符號及編號】對話方塊。

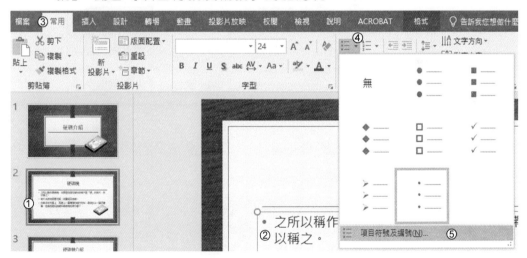

Step2 在【項目符號及編號】對話方塊的【項目符號】索引標籤中，【大小】：
輸入「125」%字高，按下「圖片」，開啓【插入圖片】對話方塊，選
擇【從檔案】，再選擇「Disk.png」（在 C:\ANS.CSF\MO03 中），按下
「插入」，回到【項目符號及編號】對話方塊的【項目符號】索引標籤，
按下「確定」。

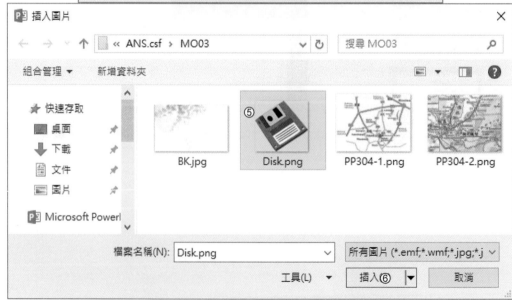

Step3 選擇第三張投影片的「文字配置區」文字，由【常用】索引標籤的【段落】功能區，選擇「項目符號」下拉選項中的「項目符號及編號」，開啟【項目符號及編號】對話方塊。

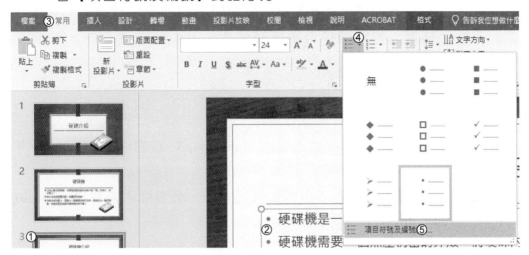

Step4 在【項目符號及編號】對話方塊的【項目符號】索引標籤中，【大小】：輸入「130」%字高，按下「自訂」，開啟【符號】對話方塊，選擇「🖳」項目符號（字型為 Wingdings，字元代碼為 58），按下「確定」，回到【項目符號及編號】對話方塊的【項目符號】索引標籤，按下「確定」。

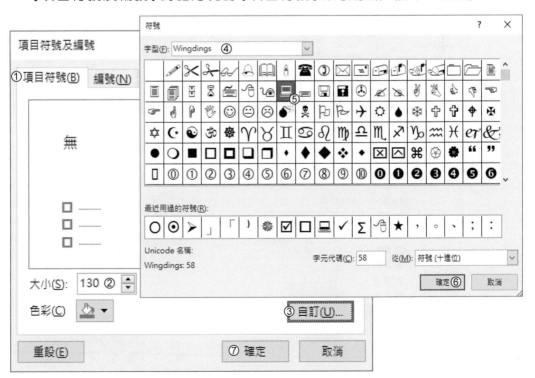

題組四 題目 PP304 　　　　　　　　　　Presentations

一、作答須知：

請至 C:\ANS.CSF\MO03 資料夾開啟題目所需之檔案進行編輯，作答完成後，請依原檔名儲存檔案。

二、設計項目：

1. 開啟 **PP304.pptx** 檔案進行編輯。

2. 在第一張投影片中，插入音訊 **Manila.mp3**，位置皆從左上角、水平位置為 28.5 公分、垂直位置為 16 公分。

3. 第二張投影片下方的內容版面配置區，分別插入圖片 **Neu-1.png**、**Neu-2.png**，左右順序皆可。

解題步驟

Step1 選擇第一張投影片，由【插入】索引標籤的【媒體】功能區，選擇「音訊」下拉選項中的「我個人電腦上的音訊」，開啟【插入音訊】對話方塊。

Step2 在【插入音訊】對話方塊，選擇「Manila.mp3」（在 C:\ANS.CSF\MO03 中），按下「插入」。

Step3　由【音訊工具】/【格式】索引標籤的【大小】功能區，按下「大小對話方塊啟動器」，開啟【設定圖片格式】窗格。

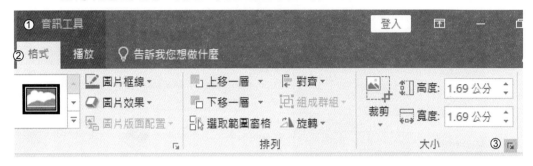

Step4　在【設定圖片格式】窗格中的【大小與屬性】，【位置】的【水平位置】：輸入「28.5 公分」、【垂直位置】：輸入「16 公分」。

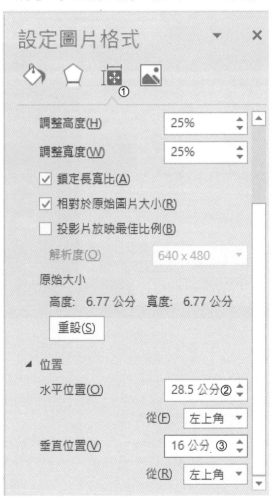

Step5 選擇第二張投影片，分別按下下方左、右內容版面配置區中的「圖片」
鈕，開啟【插入圖片】對話方塊，分別選擇「Neu-1.png」及「Neu-2.png」
（在 C:\ANS.CSF\MO03 中），按下「插入」。

題組四　題目 PP404　　　　　　　　　　　　　Presentations

一、作答須知：

　　請至 C:\ANS.CSF\MO03 資料夾開啟題目所需之檔案進行編輯，作答完成後，請依原檔名儲存檔案。

二、設計項目：

　　1.開啟 **PP404.pptx** 檔案進行編輯。

　　2.第一張投影片的轉場為「懸掛」效果，插入 **MU.wav** 音訊並設定「在背景播放」。

　　3.因第一張投影片的視訊長度 16.9 秒，故設定第一張投影片的播放，經過 20 秒之後，自動切換到第二張投影片。

解題步驟

Step1 選擇第一張投影片，由【轉場】索引標籤的【切換到此投影片】功能區，選擇「其他」下拉選項中的「懸掛」效果，【預存時間】功能區的【投影片換頁】：勾選「每隔」、輸入「00:20.00」。

Step2 由【插入】索引標籤的【媒體】功能區，選擇「音訊」下拉選項中的「我個人電腦上的音訊」，開啟【插入音訊】對話方塊。

Step3 在【插入音訊】對話方塊，選擇「MU.wav」（在 C:\ANS.CSF\MO03 中），按下「插入」。

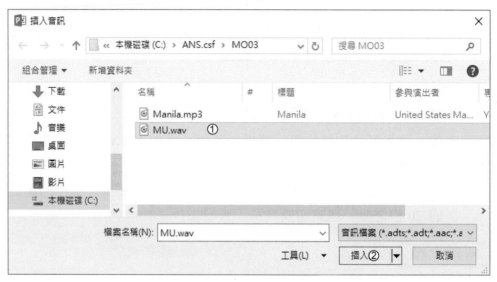

Step4 由【音訊工具】/【播放】索引標籤的【音訊樣式】功能區，按下「在 背景播放」。

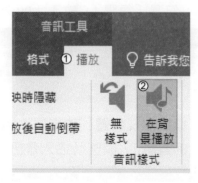

| 題組四 | 題目 PP504 | Presentations |

一、作答須知：

　　請至 C:\ANS.CSF\MO03 資料夾開啓題目所需之檔案進行編輯，作答完成後，請依原檔名儲存檔案。

二、設計項目：

　　1.開啓 **PP504.pptx** 檔案進行編輯。

　　2.將循環圖的滾輪動畫改為 1 輪輻，動畫期間為 4 秒。

　　3.設定循環圖滾輪動畫在「卵」區塊期間，右上圖片動畫同時出現；滾動至「幼蟲」區塊期間，右下圖片動畫同時出現；滾動至「蛹」區塊期間，左下圖片動畫同時出現；滾動至「成蟲」區塊期間，左上圖片動畫同時出現。

解題步驟

Step1 由【動畫】索引標籤的【進階動畫】功能區，點選「動畫窗格」，開啓「動畫窗格」窗格。

Step2 選取「資料庫圖表 7」，在【動畫】功能區，選擇「效果選項」下拉選項中的「1 輪輻(1)」、在【預存時間】功能區的【期間】：輸入「04.00」。

Step3 在【動畫窗格】窗格中，分別選擇「圖片 3 至 6」，在【預存時間】功能區的【開始】：選擇「與前動畫同時」。

Step4 分別設定四張圖片【預存時間】功能區的【延遲】：

- 「圖片 5」的【延遲】：輸入「00.00」。
- 「圖片 6」的【延遲】：輸入「01.00」。
- 「圖片 4」的【延遲】：輸入「02.00」。
- 「圖片 3」的【延遲】：輸入「03.00」。

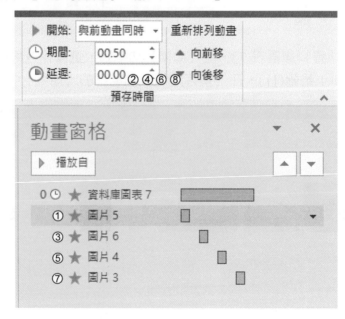

題組四	題目 PP604	Presentations

一、作答須知：

　　請至 C:\ANS.CSF\MO03 資料夾開啓題目所需之檔案進行編輯，作答完成後，請依原檔名儲存檔案。

二、設計項目：

　　1.開啓 **PP604.pptx** 檔案進行編輯。

　　2.將第一張、第八張至第十二張投影片以「保育類蝴蝶」名稱定義自訂投影片放映。

　　3.設定投影片只放映「保育類蝴蝶」自訂放映的投影片。

解題步驟

Step1　由【投影片放映】索引標籤的【開始投影片放映】功能區，選擇「自訂投影片放映」下拉選項中的「自訂放映」，開啓【自訂放映】對話方塊。

Step2　在【自訂放映】對話方塊中，按下「新增」，開啓【定義自訂放映】對話方塊，【投影片放映名稱】：輸入「保育類蝴蝶」、【簡報中的投影片】：勾選「第一張、第八張至第十二張投影片」後，按下「新增」，再按下「確定」，回到【自訂放映】對話方塊，按下「關閉」。

Step3 由【投影片放映】索引標籤的【設定】功能區，按下「設定投影片放映」，開啓【設定放映方式】對話方塊，【放映投影片】：選擇「自訂放映-保育類蝴蝶」，按下「確定」。

| 題組五 | 題目 PP105 | Presentations |

一、作答須知：

　　請至 C:\ANS.CSF\MO03 資料夾開啟題目所需之檔案進行編輯，作答完成後，請依原檔名儲存檔案。

二、設計項目：

　　1.開啟 **PP105.pptx** 檔案進行編輯。

　　2.第一張投影片變更成「標題投影片」版面配置，標題為「泡菜食譜」顯示格式大小 66pt、粗體、副標題輸入為「@廣東泡菜@韓國泡菜@台式泡菜」顯示格式大小 32pt、粗體。

　　3.第二張至第六張投影片套用「兩個內容」版面配置。

解題步驟

Step1 選擇第一張投影片，由【常用】索引標籤的【投影片】功能區，選擇「版面配置」下拉選項中的「標題投影片」。

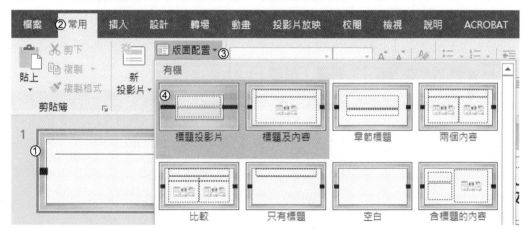

Step2 在「標題版面配置區」中輸入「泡菜食譜」文字後並選取文字，由【常用】索引標籤的【字型】功能區：

- 【大小】：輸入「66」。
- 【字型樣式】：選擇「粗體」。

Step3 在「副標題版面配置區」中輸入「@廣東泡菜@韓國泡菜@台式泡菜」文字後並選取文字，由【常用】索引標籤的【字型】功能區：

- 【大小】：輸入「32」。
- 【字型樣式】：選擇「粗體」。

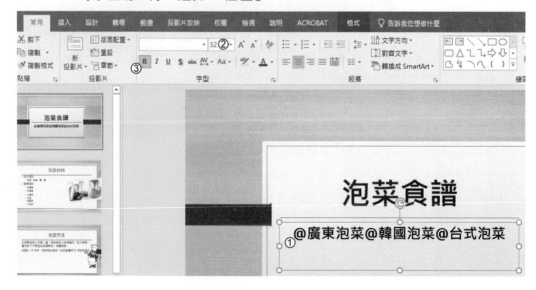

Step4 選取第二張至第六張投影片,由【常用】索引標籤的【投影片】功能
區,選擇「版面配置」下拉選項中的「兩個內容」。

題組五 題目 PP205 Presentations

一、作答須知：

請至 C:\ANS.CSF\MO03 資料夾開啟題目所需之檔案進行編輯，作答完成後，請依原檔名儲存檔案。

二、設計項目：

1. 開啟 **PP205.pptx** 檔案進行編輯。

2. 設定第三張投影片項目文字套用「1.、2.、3.」項目編號。

3. 設定第四張投影片項目文字套用「➢」箭頭項目符號、大小為 145% 字高。

解題步驟

Step1 選取第三張投影片的「文字版面配置區」，由【常用】索引標籤的【段落】功能區，選擇「編號」下拉選項中的「1.、2.、3.」編號。

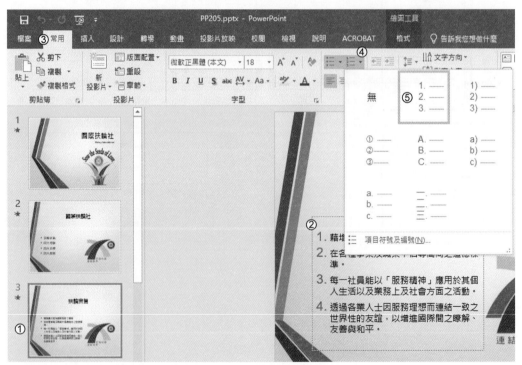

Step2 選取第四張投影片的「文字版面配置區」，由【常用】索引標籤的【段落】功能區，選擇「項目符號」下拉選項中的「項目符號及編號」，開啟【項目符號及編號】對話方塊。

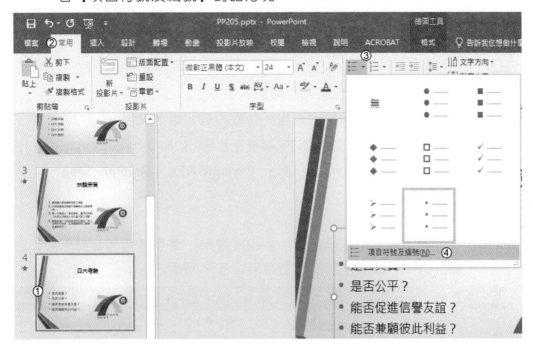

Step3 在【項目符號及編號】對話方塊的【項目符號】索引標籤中，【大小】：輸入「145」%字高，選擇「➤」箭頭項目符號，按下「確定」。

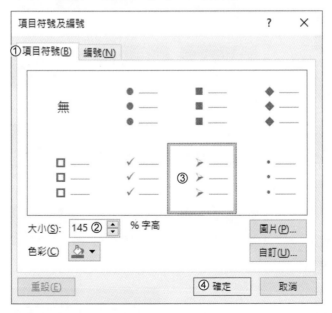

題組五　題目 PP305　　　　　　　　　　　　Presentations

一、作答須知：

請至 C:\ANS.CSF\MO03 資料夾開啟題目所需之檔案進行編輯，作答完成後，請依原檔名儲存檔案。

二、設計項目：

1.開啟 **PP305.pptx** 檔案進行編輯。

2.第二張至第六張投影片套用「兩個內容」版面配置。

3.第二張至第六張投影片的內容版面配置區，依序插入圖片 **Olympic-1.jpg**、**Olympic-2.jpg**、**Olympic-3.jpg**、**Olympic-4.jpg**、**Olympic-5.jpg**。

解題步驟

Step1 選取第二張至第六張投影片，由【常用】索引標籤的【投影片】功能區，選擇「版面配置」下拉選項中的「兩個內容」。

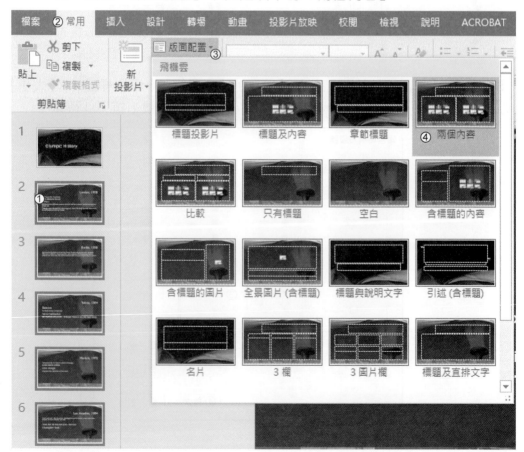

Step2 選擇第二張投影片右側的「內容版面配置區」中的「圖片」，開啟【插入圖片】對話方塊，選擇「Olympic-1.jpg」，按下「插入」。（圖檔位置在 C:\ANS.CSF\MO03 中）

Step3 依 Step2 操作方式，分別在第三張至第六張投影片，依序插入圖片「Olympic-2.jpg」、「Olympic-3.jpg」、「Olympic-4.jpg」、「Olympic-5.jpg」（圖檔位置在 C:\ANS.CSF\MO03 中），按下「插入」。

題組五　**題目 PP405**

Presentations

一、作答須知：

請至 C:\ANS.CSF\MO03 資料夾開啟題目所需之檔案進行編輯，作答完成後，請依原檔名儲存檔案。

二、設計項目：

1.開啟 **PP405.pptx** 檔案進行編輯。

2.取消第二張投影片的轉場效果，按滑鼠切換投影片。

3.設定第三張至第十張投影片的轉場改為「翻轉」效果、持續時間為 3 秒，在 5 秒鐘內若未按下滑鼠切換，就會自動切換到下一張投影片。

解題步驟

Step1 選擇第二張投影片，由【轉場】索引標籤的【切換到此投影片】功能區，選擇「其他」下拉選項中的「無」效果，在【預存時間】功能區，勾選「滑鼠按下時」。

Step2 選擇第三張至第十張投影片，由【轉場】索引標籤的【切換到此投影片】功能區，選擇「其他」下拉選項中的「翻轉」效果，在【預存時間】功能區，【持續時間】：輸入「03.00」、【投影片換頁】：勾選「每隔」、輸入「00:05.00」。

| 題組五 | 題目 PP505 | Presentations |

一、作答須知：

　　請至 C:\ANS.CSF\MO03 資料夾開啟題目所需之檔案進行編輯，作答完成後，請依原檔名儲存檔案。

二、設計項目：

　　1.開啟 **PP505.pptx** 檔案進行編輯。

　　2.第一張投影片的標題文字動畫，設定為接續前動畫自上「飛入」進入效果、期間為 1 秒、延遲 0.5 秒。

　　3.設定標題文字在第一個動畫（自上飛入）播放後，接續以「波浪」動畫強調效果、延遲 1 秒。

解題步驟

Step1　選擇第一張投影片的「標題版面配置區」，由【動畫】索引標籤的【動畫】功能區，選擇「飛入」進入效果，並選擇「效果選項」下拉選項中的「自上」。

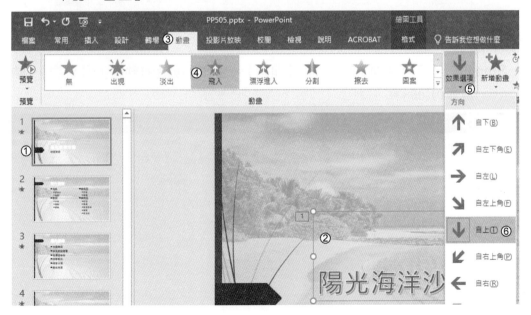

Step2 在【預存時間】功能區，【開始】：選擇「接續前動畫」、【期間】：輸入「01.00」、【延遲】：輸入「00.50」。

Step3 保持第一張投影片的「標題版面配置區」被選取，在【進階動畫】功能區，選擇「新增動畫」下拉選項中的「波浪」強調效果。

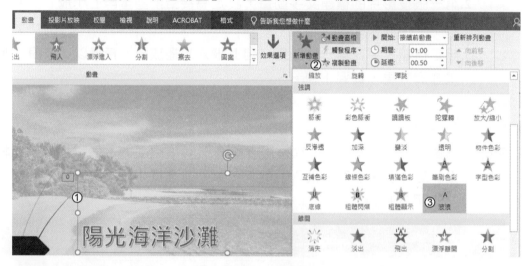

Step4 在【預存時間】功能區，【開始】：選擇「接續前動畫」、【延遲】：輸入「01.00」。

題組五 題目 PP605 Presentations

一、作答須知：

　　請至 C:\ANS.CSF\MO03 資料夾開啟題目所需之檔案進行編輯，作答完成後，請依原檔名儲存檔案。

二、設計項目：

　　1.開啟 **PP605.pptx** 檔案進行編輯。

　　2.自訂一個名為「業務簡報」投影片放映，內容包含第一、二、三、六張投影片。

　　3.設定投影片只放映「業務簡報」自訂放映的投影片、放映類型為「觀眾自行瀏覽(視窗)」、投影片換頁為「手動」。

解題步驟

Step1 由【投影片放映】索引標籤的【開始投影片放映】功能區，選擇「自訂投影片放映」下拉選項中「自訂放映」，開啟【自訂放映】對話方塊。

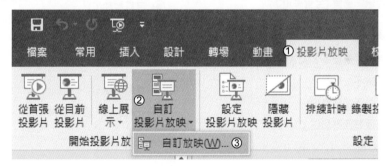

Step2 在【自訂放映】對話方塊中，按下「新增」，開啟【定義自訂放映】對話方塊，【投影片放映名稱】：輸入「業務簡報」、【簡報中的投影片】：勾選「第一張、第二張、第三張及第六張投影片」後，按下「新增」，按下「確定」，回到【自訂放映】對話方塊，按下「關閉」。

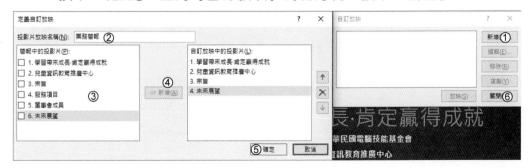

Step3 由【投影片放映】索引標籤的【設定】功能區，按下「設定投影片放
映」，開啓【設定放映方式】對話方塊：

- 【放映類型】：選擇「觀衆自行瀏覽(視窗)」
- 【放映投影片】：選擇「自訂放映-業務簡報」
- 【投影片換頁】：選擇「手動」，按下「確定」。

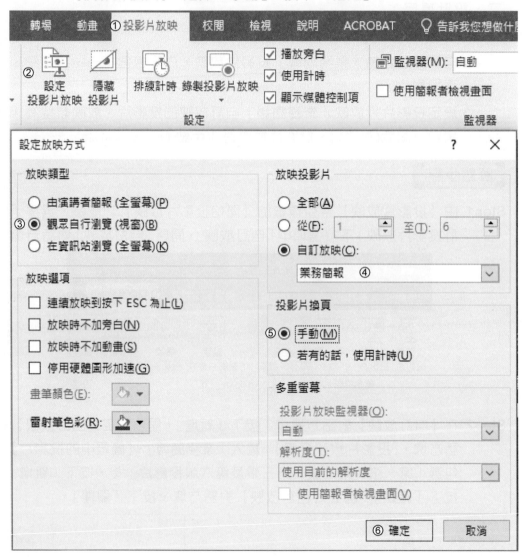

Techficiency Quotient Certification

企業人才技能認證

4

CHAPTER

第四章 ▶

模擬測驗－操作指南

4-1　CSF 測驗系統-Client 端程式安裝流程

步驟一：執行附書光碟，選擇「安裝 CSF 測驗系統-Client 端程式」，開始安裝程序。（或執行光碟中的 T3 ExamClient 單機版_MO9_setup.exe 檔案）

步驟二：在詳讀「授權合約」後，若您接受合約內容，請按「接受」鈕繼續安裝「CSF 技能認證體系」系統。

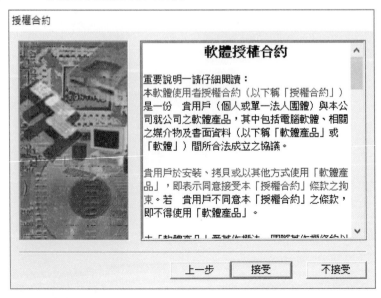

步驟三：輸入「使用者姓名」與「單位名稱」後，請按「下一步」鈕繼續安裝。

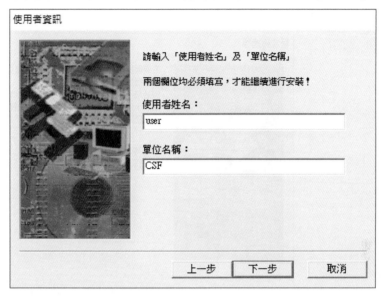

步驟四：可指定將「CSF 技能認證體系」系統安裝至任何一台磁碟機，惟安裝路徑必須為該磁碟機根目錄下的《ExamClient.csf》資料夾。安裝所需的磁碟空間約 104MB。

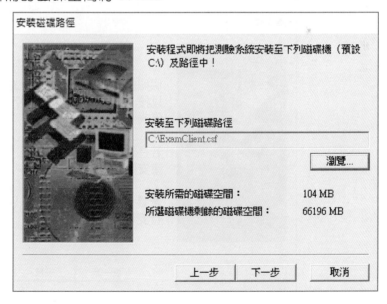

步驟五：設定本系統在「開始/所有程式」內的資料夾第一層捷徑名稱為「CSF 技能認證體系」系統。

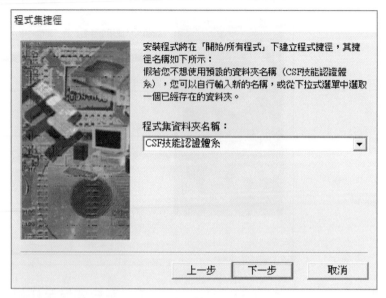

步驟六：安裝前相關設定皆完成後，請按「安裝」鈕安裝「CSF 技能認證體系」系統。

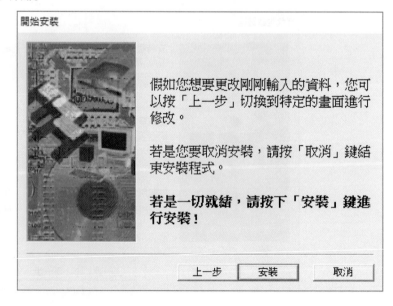

步驟七：安裝程式開始進行安裝動作，請稍待片刻。

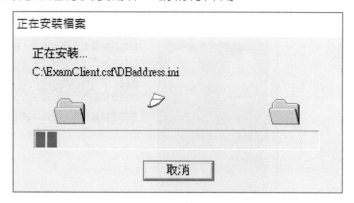

步驟八：以上的項目在安裝完成之後，安裝程式會詢問您是否要執行版本的更新檢查，請按「下一步」鈕。建議您執行本項操作，以確保系統為最新的版本。

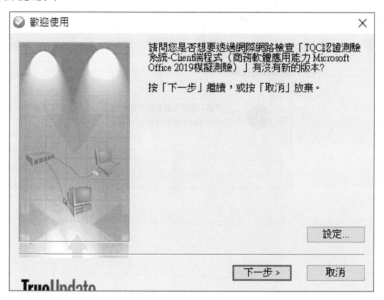

步驟九：接下來進行線上更新，請按「下一步」鈕。

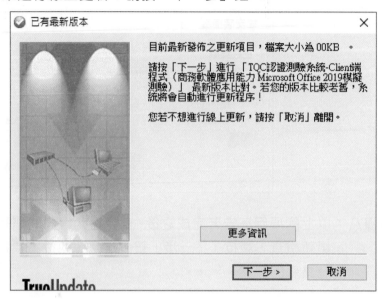

步驟十：更新完成後，出現如下訊息，請按下「確定」鈕。

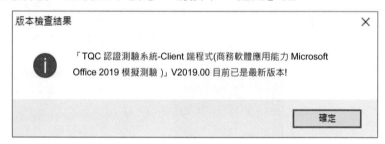

步驟十一：成功完成更新後，請按下「關閉」鈕。

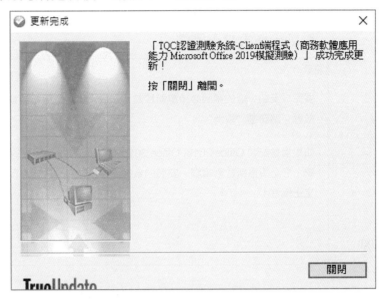

步驟十二：安裝完成！您可以透過提示視窗內的客戶服務機制說明，取得關於本項產品的各項服務。按下「完成」鈕離開安裝畫面。

步驟十三：安裝完成後，系統會提示您必須重新啟動電腦，請務必按下「確
定」鈕重新啟動電腦，安裝的系統元件方能完成註冊，以確保電
腦評分結果之正確性。

注意　　　　　　　　　　　　　　　　　　　　　　　　　　　　　　✕

要完成安裝，您的電腦必須重新啟動。點選 "確定" 重新啟動，如果您想稍候重新
啟動，請點選 "取消"。

如果您是安裝 Office 2013, Office 2016 或 Office 2019 相關的練習系統或測驗系
統，您必須重新啟動電腦，安裝的系統元件方能完成註冊，以確保電腦評分結果
之正確性！

　　　　　　　　　　　　　　　　　　　　　　　確定　　　　　取消

4-2　程式權限及使用者帳戶設定

一、系統管理員程式權限設定，請依以下步驟完成：

步驟一：於「TQC 認證測驗系統-Client 端程式」桌面捷徑圖示按下滑鼠右鍵，點選「內容」。

步驟二：選擇「相容性」標籤，勾選「以系統管理員的身分執行此程式」，按下「確定」後完成設定。

❖ 註：若要避免每次執行都會出現權限警告訊息，請參考下一頁使用者帳戶控制設定。

二、使用者帳戶設定方式如下：

步驟一：點選「控制台/使用者帳戶和家庭安全/使用者帳戶」。

步驟二：進入「變更使用者帳戶控制設定」。

步驟三：開啟「選擇電腦變更的通知時機」，將滑桿拉至「不要通知」。

步驟四：按下「確定」後，請務必重新啟動電腦以完成設定。

4-3　實地測驗操作程序範例

在測驗之前請熟讀「4-3-1 測驗注意事項」，瞭解測驗的一般規定及限制，以免失誤造成扣分。

熟悉系統與週邊裝置操作

登入測驗系統
（輸入身分證統一編號）

閱覽注意事項

進行術科測驗

開啟電子試卷或是紙本試卷
依題目要求作答

依題目要求儲存作答檔案

結束測驗

4-3-1　測驗注意事項

一、本測驗為一個級別：

- 商務軟體應用能力 **Microsoft Office** 認證（專業級 **MO3**）：
  術科第一至三類各考一題組共三題組，第一大題（組）共 8 小題，每小題 5 分，共計 40 分，第二大題（組）共 6 小題，每小題 5 分，共計 30 分，第三大題（組）共 6 小題，每小題 5 分，共計 30 分，滿分 100 分。於認證時間 60 分鐘內作答完畢並存檔，成績加總達 70 分（含）以上者該科合格。

二、執行桌面的「TQC 認證測驗系統-Client 端程式」，請依指示輸入：

1. 試卷編號，如 MO9-0001，即輸入「MO9-0001」。

2. 進入測驗準備畫面，聽候監考老師口令開始測驗。

3. 測驗開始，測驗程式開始倒數計時，請依照題目指示作答。

4. 計時終了無法再作答及修改，請聽從監考人員指示。

三、聽候監考人員指示。有任何問題請舉手發問，切勿私下交談。

4-3-2 實地測驗操作演示

現在我們假設考生甲報考商務軟體應用能力 Microsoft Office 2019 專業級的認證，試卷編號為 MO9-0001。（❖ 註：本書「第五章 實力評量-模擬試卷」中，內含一回試卷可供使用者模擬實際認證測驗之情況。 ）

步驟一：開啓電源，從硬碟 C 開機。

步驟二：進入 Windows 作業系統及週邊環境熟悉操作。

步驟三：執行桌面的「TQC 認證測驗系統-Client 端程式」程式項目。

步驟四：請輸入測驗試卷編號「MO9-0001」按下「登錄」鈕。

步驟五：請詳細閱讀「測驗注意事項」後，按下「開始」鍵。

商務軟體應用能力 (Microsoft Office 2019專業級)測驗注意事項

身分證統一編號:MO9-0001　　姓名:基金會　　試卷編號:MO9-0001

一、本項考試為術科，所需總時間為60分鐘，時間結束前需完成所有考試動作。成績計算滿分為100分，合格分數為70分。

二、術科為三大題〈組〉，第一大題〈組〉共8小題，每小題5分，共計40分；第二大題〈組〉共6小題，每小題5分，共計30分；第三大題〈組〉共6小題，每小題5分，共計30分，總計100分。

三、術科所需的檔案皆於C:\ANS.CSF\各指定資料夾內讀取。題目存檔方式，請依題目指示儲存於C:\ANS.CSF\各指定資料夾，測驗結束前必須自行存檔，並關閉應用程式，檔案名稱錯誤或未自行存檔者，均不予計分。

四、術科各小題，設計項目需全部作答正確才予計分。題意內未要求修改之設定值，以原始設定為準，不需另設。

五、試卷內0為阿拉伯數字，O為英文字母，作答時請先確認。所有滑鼠左右鍵位之訂定，以右手操作方式為準，操作者請自行對應鍵位。

六、有問題請舉手發問，切勿私下交談。

開　始

步驟六：請按下「確定」鈕，開始進行術科測驗。

步驟七：此時測驗程式會在桌面上方開啓一「測驗資訊列」，顯示本次測驗剩餘時間，並開啓試題 PDF 檔。請自行載入「Microsoft Office」軟體，依照題目要求讀取題目檔，依照題目指示作答，並將答案依照指定路徑及檔名儲存。

商務軟體應用能力 (Microsoft Office 2019專業級),MO9-0001,基金會,59:51 / 60:00

查看考試說明文件：可開啓本份試卷術科題目的書面電子檔。

重新載入題組：可重新載入題組檔案。

開啓試題資料夾：可開啓題目檔存放之資料夾。

結束測驗：結束測驗。

提早作答完畢並確認作答及存檔無誤後，可按「術科測驗」窗格中的鈕，結束測驗。

步驟八：系統會再次提醒您是否確定要結束術科測驗。

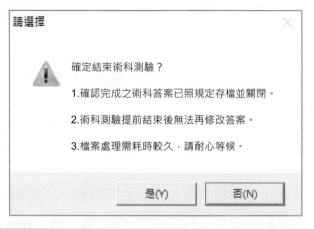

說明	1.	提早作答完成並存檔完畢後，請完全跳離 Microsoft Offie 後，再按「是」，系統此時將開始進行評分。
	2.	若無法提早作答完成，請務必在時間結束前將已完成之部分存檔完畢，並完全跳離 Microsoft Office。

步驟九：系統會開始進行評分，下圖為正在進行術科題目的評分狀況。

步驟十：評分結果將會顯示在螢幕上。評分結果包含各題得分狀況及本回總
　　　　分，可作為練習後自我檢討之參考。

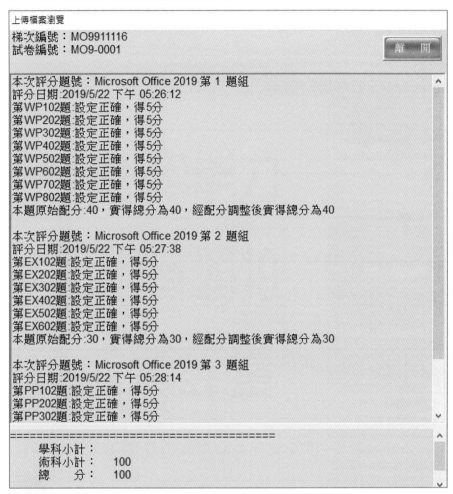

說明	1. 此項為供使用者練習與自我評核之用，與正式考試的畫面顯示會有所差異。
	2. 完成 MO9-0001 模擬測驗後，系統將會記錄您的成績。

5

第五章 ▶

實力評量－模擬試卷

試卷編號：MO9-0001

試卷編號：MO9-0001

Microsoft Office 2019 模擬試卷【專業級】

【認證說明與注意事項】

一、本項考試為術科，所需總時間為 60 分鐘，時間結束前需完成所有考試動作。成績計算滿分為 100 分，合格分數為 70 分。

二、術科為三大題（組），第一大題（組）共 8 小題，每小題 5 分，共計 40 分；第二大題（組）共 6 小題，每小題 5 分，共計 30 分；第三大題（組）共 6 小題，每小題 5 分，共計 30 分，總計 100 分。

三、術科所需的檔案皆於 C:\ANS.CSF\各指定資料夾內讀取。題目存檔方式，請依題目指示儲存於 C:\ANS.CSF\各指定資料夾，測驗結束前必須自行存檔，並關閉應用程式，檔案名稱錯誤或未自行存檔者，均不予計分。

四、術科各小題，設計項目需全部作答正確才予計分。題意內未要求修改之設定值，以原始設定為準，不需另設。

五、試卷內 0 為阿拉伯數字，O 為英文字母，作答時請先確認。所有滑鼠左右鍵位之訂定，以右手操作方式為準，操作者請自行對應鍵位。

六、有問題請舉手發問，切勿私下交談。

壹、術科 100%（第一題 40 分、第二題至第三題每題 30 分）

術科部分請依照試卷指示作答並存檔，時間結束前必須完全跳離操作軟體。

一、文書處理 Documents

作答須知：

請至 C:\ANS.CSF\MO01 資料夾開啟題目所需之檔案進行編輯，作答完成後，請依原檔名儲存檔案。

(一)、題目 WP102 設計項目：

　　1.開啟 **WP102.docx** 檔案進行編輯。

　　2.將最後一段文字分為二等欄、欄間距 0.5 公分、加分隔線。

(二)、題目 WP202 設計項目：

　　1.開啟 **WP202.docx** 檔案進行編輯。

　　2.所有內容，字型改成 Verdana、中文字型改為新細明體。

　　3.第一段「海嘯」文字移除背景色，文字（字與字之間）的距離為 44 點。

(三)、題目 WP302 設計項目：

　　1.開啟 **WP302.docx** 檔案進行編輯。

　　2.淺藍色區域上的所有內容，設定同紅色文字段落的定位點。

(四)、題目 WP402 設計項目：

　　1.開啟 **WP402.docx** 檔案進行編輯。

　　2.匯入 **WP402-1.docx** 的「原住民」段落樣式。

　　3.第二頁至第四頁中所有藍色文字，套用「原住民」段落樣式。

(五)、題目 WP502 設計項目：

1.開啟 **WP502.docx** 檔案進行編輯。

2.所有文字轉換成表格，紅色文字列設定跨頁時自動重複標題，刪除「郵遞區號」、「地址」、「性別」三個欄位。

3.表格第 1 欄寬 2.72 公分，第 2 欄寬 3 公分，第 3~8 欄寬平均分配欄寬（1.88 公分）。

(六)、題目 WP602 設計項目：

1.開啟 **WP602.docx** 檔案進行編輯。

2.複製 **WP602.xlsx** 的圖表，在第二頁的第二個段落位置貼上。

(七)、題目 WP702 設計項目：

1.開啟 **WP702.docx** 檔案進行編輯。

2.啟動合併列印的「信件」功能，以 **WP702.docx** 為合併列印的主文件，載入 **WP702-1.xlsx** 作為合併列印的資料來源。

3.在表格中，分別插入<產品代號>、<產品名稱>…<數量>合併欄位。

(八)、題目 WP802 設計項目：

1.開啟 **WP802.docx** 檔案進行編輯。

2.將簡體轉換為「繁體」。

3.第三段起的段落格式，左側顯示行號（不可加分節符號）。

二、試算表應用 Spreadsheets

作答須知：

請至 C:\ANS.CSF\MO02 資料夾開啟題目所需之檔案進行編輯，作答完成後，請依原檔名儲存檔案。

（一）、題目 EX102 設計項目：

　　1.開啟 **EX102.xlsx** 檔案進行編輯。

　　2.將「E3~E62」儲存格，設定格式化的條件「綠－黃－紅色階」。

　　3.合併「B1~E1」儲存格。

（二）、題目 EX202 設計項目：

　　1.開啟 **EX202.xlsx** 檔案進行編輯。

　　2.將 **EX202-1.xlsx** 中的工作表複製到 **EX202.xlsx** 中，移動到最後。

　　3.將「學員基本資料」工作表的「C2~C120」儲存格，設定隱藏公式之後，設定保護工作表（採用預設值）。

（三）、題目 EX302 設計項目：

　　1.開啟 **EX302.xlsx** 檔案進行編輯。

　　2.插入 **Logo.png** 圖片，並調整至「A1~C1」儲存格位置，並設定圖片的替代文字名稱為 Logo.png。

　　3.在「B41」儲存格，輸入文字「TQC 考題」，建立超連結、網址「https://www.tqc.org.tw/」。

（四）、題目 EX402 設計項目：

　　1.開啟 **EX402.xlsx** 檔案進行編輯。

　　2.將「升等」工作表中的「A1~B5」儲存格命名為「升等」。

　　3.在「人事考評資料」工作表中「升等」欄位（E3~E40），依據「編號」欄位使用「VLOOKUP」函數，傳回「升等」範圍名稱內相對應的「升等」資料。

(五)、題目 EX502 設計項目：

1.開啟 **EX502.xlsx** 檔案進行編輯。

2.將「明細表」工作表的「A1~K1」儲存格命名為「文具分類」。

3.將「明細表」工作表的「A1~K18」儲存格，依照每個欄位的頂端列作為各欄範圍名稱。

4.在「產品分類」工作表的「文具分類」欄位（A2~A10），建立下拉式選單，來源為「文具分類」。

5.在「產品分類」工作表的「子項目」欄位（B2~B10），建立下拉式選單，來源則依照左側 A 欄儲存格內容來決定欲顯示的範圍內容。（提示：使用 INDIRECT 函數）

(六)、題目 EX602 設計項目：

1.開啟 **EX602.xlsx** 檔案進行編輯。

2.將「逾期放款」工作表中「A1~G29」儲存格為設定列印範圍。

3.設定頁面方向為橫向，頁面邊界左右為 1、上下為 0.5、頁首為 0.5，表格置於版面正中央。

4.頁首左方內容插入日期；中央內容插入工作表名稱；右方內容插入頁碼。

三、簡報設計 Presentations

作答須知：

請至 C:\ANS.CSF\MO03 資料夾開啟題目所需之檔案進行編輯，作答完成後，請依原檔名儲存檔案。

(一)、題目 PP102 設計項目：

　　1.開啟 **PP102.pptx** 檔案進行編輯。

　　2.利用「大綱模式」檢視環境，將第二至九張投影片的標題，建立新的摘要投影片，標題修改成「摘要投影片」，並調整至第二張位置。

(二)、題目 PP202 設計項目：

　　1.開啟 **PP202.pptx** 檔案進行編輯。

　　2.修改「Office 佈景主題　備忘稿」的文字格式，標題版面配置區：中文字型改成微軟正黑體、粗體、段落「置中對齊」。

(三)、題目 PP302 設計項目：

　　1.開啟 **PP302.pptx** 檔案進行編輯。

　　2.第三張投影片中，插入「雲朵形」圖案，位置皆從左上角，水平位置21.5 公分、垂直位置 5.8 公分，寬度與高度皆為 8.00 公分。

　　3.將下方文字（污泥有機…）置入雲朵形中（原文字方塊刪除）。

　　4.第四張投影片中，插入物件 **water.xlsx**，位置皆從左上角，水平位置9.88 公分、垂直位置為 10 公分。

(四)、題目 PP402 設計項目：

　　1.開啟 **PP402.pptx** 檔案進行編輯。

　　2.設定第一張投影片的轉場改為「方塊」效果、聲音為 **Something.wav**，設定每 5 秒自動換頁。

(五)、題目 PP502 設計項目：

1.開啓 **PP502.pptx** 檔案進行編輯。

2.將第二張投影片的「扶輪宗旨、四大考驗、四大目標、四大服務」文字，依序設定接續前動畫自上「飛入」進入效果、期間為 1 秒。

3.將右下角的「齒輪」動畫效果，移至最後一個。

(六)、題目 PP602 設計項目：

1.開啓 **PP602.pptx** 檔案進行編輯。

2.新增一個「亞洲國家」的自訂投影片放映，第一張、第八張、第九張及第十張投影片為播放內容。

3.設定投影片放映時，只放映「亞洲國家」自訂投影片放映的投影片。

4.放映類型採用「在資訊站瀏覽 (全螢幕)」。

附錄 ▶

TQC 技能認證報名簡章

雲端練功坊 APP

問題反應表

TQC 技能認證報名簡章

壹、目的

為符合資訊技術發展趨勢與配合國家政策，有效提升全民應用資訊的能力，建立國內訓、考、用合一的資訊應用技能認證體系，定義出全民資訊能力的指標，以公平、公正、公開的原則辦理認證，並提供企業選用適任人才的標準。

貳、主辦單位

財團法人中華民國電腦技能基金會。

參、協辦單位

一、**Microsoft** 台灣微軟股份有限公司技術支援。

二、**autodesk** 台灣歐特克股份有限公司技術支援。

肆、報名對象

具各類電腦軟體學習經驗的在學學生，或同等學習資歷之社會人士。

伍、報名日期

即日起均可報名。

陸、報名方式

請參閱 TQC 考生服務網，網址：http://www.TQC.org.tw（各項測驗之相關規定及內容，以網站上公告為準），或至 TQC 個人線上報名網站報名，網址：http://exam.TQC.org.tw/TQCexamonline/default.asp。

柒、繳費方式

一、考場繳費：請至您報名的考場繳費。

二、使用 ATM 轉帳：報名後，系統會產生一組繳費帳號，您必須使用提款機將報名費直接轉帳至該帳號，即完成繳費；ATM 轉帳因有作業程序，請考生耐心等候處理時間；若遺忘該帳號，請由 TQC 個人線上報名網站登入/報名進度查詢/ATM 帳號，即可查詢繳費帳號。

三、至基金會繳費：請至本會各區推廣中心繳費。

北區	105-58 台北市八德路 3 段 2 號 6 樓	(02) 2577-8806
中區	406-51 台中市北屯區文心路 4 段 698 號 24 樓	(04) 2238-6572
南區	807-57 高雄市三民區博愛一路 366 號 7 樓之 4	(07) 311-9568

四、應考人完成報名手續後，請於繳費截止日前完成繳費，否則視同未完成報名，考試當天將無法應考。

五、應考人於報名繳費時，請再次上網確認考試相關科目及級別，繳費完成後恕不受理考試項目、級別、地點、延期及退費申請等相關異動。

六、繳費完成後，本會將進行資料建檔、試場及監考人員、安排試題製作等相關考務作業，故不接受延期及退費申請，但若因本身之傷殘、自身及一等親以內之婚喪、或天災不可抗拒之因素，造成無法於報名日期應考時，得依相關憑證辦理延期手續（但以一次為限）。

七、繳費成功後，請自行上 TQC 個人線上報名網站確認。

八、即日起，凡領有身心障礙證明報考 TQC 各項測驗者，每人每年得申請全額補助報名費四次，科目不限，同時報名二科即算二次，餘此類推，報名卻未到考者，仍計為已申請補助。符合補助資格者，應於報名時填寫「身心障礙者報考 TQC 認證報名費補助申請表」後，黏貼相關證明文件影本郵寄至本會申請補助。

捌、測驗內容

一、五大類別：

序	類　別　名　稱
01	專業知識領域　　（TQC-DK）
02	作業系統類　　　（TQC-OS）
03	辦公軟體應用類　（TQC-OA）
04	資料庫應用類　　（TQC-DA）
05	影像處理類　　　（TQC-IP）

二、TQC 專業人員：

序	專　業　人　員	序	專　業　人　員
01	專業中文秘書人員	12	專業行動裝置應用工程師
02	專業英文秘書人員	13	專業 Linux 系統管理工程師
03	專業日文秘書人員	14	專業 Linux 網路管理工程師
04	專業企畫人員	15	雲端服務商務人員
05	專業財會人員	16	行動商務人員
06	專業行銷人員	17	物聯網商務人員
07	專業人事人員	18	物聯網應用服務人員
08	專業文書人員	19	物聯網產品企畫人員
09	專業 e-office 人員	20	物聯網產品行銷人員
10	專業資訊管理工程師	21	物聯網產品管理人員
11	專業網站資料庫管理工程師		

三、詳細內容請參考 TQC 考生服務網 http://www.TQC.org.tw。

玖、應考須知

一、應考人可於**測驗前三日**上網確認考試時間、場次、座號。

二、應考人如於測驗當天發現考試報名錯誤（級別、科目），於考試當天恕不受理任何異動。

三、應考人應攜帶身分證明文件並於進場前完成報名及簽到手續。（如學生證、身分證、駕照、健保卡等有照片之證件）。進場後請將身分證明置於指定位置，以利監場人員核對身分，未攜帶者不得進場應考。

四、考場提供測驗相關軟、硬體設備，除輸入法外，應考人不得隨意更換考場相關設備，亦不得使用自行攜帶的鍵盤、滑鼠等。

五、應考人應按時進場，公告之測驗時間開始十五分鐘後，考生不得進場；考生繳件出場後，不得再進場；公告測驗時間開始廿分鐘內不得出場。

六、應考人考試中如遇任何疑問，為避免考試權益受損，應立即舉手反應予監場人員處理，並於考試當天以 E-MAIL 寄發本會客服，以利追蹤處理，如未及時反應，考試後恕不受理。

拾、應考人有下列情事之一者得予以扣考，不得繼續應檢，其成績以零分計算

一、冒名頂替者或與個人身分證件不符者。

二、傳遞資料或信號者。

三、協助他人或託他人代為作答者。

四、互換位置者。

五、夾帶書籍、文件、檔案，而其行動電話及其他資訊電子相關產品未關機者，個人相關物品請依監考人員指示放置。

六、攜帶寵物，擾亂試場內外秩序者。

七、未遵守本規則，不接受監評人員勸導，擾亂試場內外秩序者。

拾壹、成績公告

一、測驗成績將於應試兩週後公布在網站上，考生可於原報名之「TQC 個人線上報名網站」以個人帳號密碼登入成績查詢，或洽考場查詢。

二、本認證各項目達合格標準者，由主辦單位於公布成績兩週後核發合格證書。

三、欲申請複查成績者，可於 TQC 個人線上報名網站成績公布後兩週內，下載複查申請表向主辦單位申請複查，並隨附複查工本費及貼足郵票之回郵信封（請參閱 TQC 認證網站資訊），逾期不予受理，且成績複查以一次為限。

拾貳、其他

申請換發人員別證書及補證費用工本費，請逕向主辦單位各區推廣中心洽詢或至 TQC 考生服務網/考生服務/證照申請參閱相關說明。

拾參、本辦法未盡事宜者，主辦單位得視需要另行修訂

本會保有修改報名及測驗等相關資料之權利，若有修改恕不另行通知，最新資料歡迎查閱本會網站！

（TQC 各項測驗最新的簡章內容及出版品服務，以網站公告為主）

本會網站：http://www.CSF.org.tw

TQC 考生服務網： http://www.TQC.org.tw

問題反應表

親愛的讀者：

感謝您購買「商務軟體應用能力 Microsoft Office 2019 實力養成暨評量」，雖然我們經過縝密的測試及校核，但總有百密一疏、未盡完善之處。如果您對本書有任何建言或發現錯誤之處，請您以最方便簡潔的方式告訴我們，作為本書再版時更正之參考。謝謝您！

讀　　　者　　　資　　　料			
公　司　行　號		姓　　名	
聯　絡　住　址			
E-mail Address			
聯　絡　電　話	(O)	(H)	
應用軟體使用版本			
使　用　的　PC		記憶體	
對　本　書　的　建　言			
勘　　　誤　　　表			
頁　碼　及　行　數	不當或可疑的詞句	建　議　的　詞　句	
第　　　頁			
第　　　行			
第　　　頁			
第　　　行			
第　　　頁			
第　　　行			

覆函請以傳真或逕寄：台北市 105 八德路三段 2 號 6 樓
中華民國電腦技能基金會　內容創新中心　收

TEL：(02)25778806　分機 760
FAX：(02)25778135
E-MAIL：master@mail.csf.org.tw　　　　　　　　　　　謝謝！

國家圖書館出版品預行編目資料

商務軟體應用能力 Microsoft Office 2019 實力養成暨
評量 / 財團法人中華民國電腦技能基金會編著. -- 初
版. -- 新北市：全華圖書, 2019.07
　　面；　公分
ISBN 978-986-503-182-4(平裝附光碟片)

1.OFFICE 2019(電腦程式)

312.49O4　　　　　　　　　　　　　　108011010

商務軟體應用能力 Microsoft Office 2019 實力養成暨評量 (附練習光碟)

作者 / 財團法人中華民國電腦技能基金會

執行編輯 / 王詩蕙

發行人 / 陳本源

出版者 / 全華圖書股份有限公司

郵政帳號 / 0100836-1 號

印刷者 / 宏懋打字印刷股份有限公司

圖書編號 / 19386007

初版二刷 / 2024 年 3 月

定價 / 新台幣 390 元

ISBN / 978-986-503-182-4(平裝附光碟片)

全華圖書 / www.chwa.com.tw

全華網路書店 Open Tech / www.opentech.com.tw

若您對書籍內容、排版印刷有任何問題，歡迎來信指導 book@chwa.com.tw

臺北總公司(北區營業處)
地址：23671 新北市土城區忠義路 21 號
電話：(02) 2262-5666
傳真：(02) 6637-3695、6637-3696

中區營業處
地址：40256 臺中市南區樹義一巷 26 號
電話：(04) 2261-8485
傳真：(04) 3600-9806

南區營業處
地址：80769 高雄市三民區應安街 12 號
電話：(07) 381-1377
傳真：(07) 862-5562